当時のカラー写真で見る“囚われの日本軍機”

▼撮影日時は定かでないが、アメリカ海軍艦船を攻撃中に対空砲火で撃墜され、そのそばで漂流している一式陸攻一一型の珍しい写真。舷側では多くの乗員が、初めて間近に目にする敵機を鈴なりになって見入っている。胴体上部、同側面の銃座窓が開いており、搭乗員は海中に脱出したのであろうか？

▲アメリカ軍に制圧された、ソロモン諸島のニュージョージア島ムンダ飛行場に、銃・爆撃により損傷したまま遺棄されていた零戦二二型。褪色のいちじるしいカウリングの黒色と対照的に、主翼の味方機識別帯、日の丸が鮮やかに残っているのが印象的。

▲昭和19（1944）年４月22日、アメリカ軍はニューギニア島北岸のホランジアに上陸し、日本陸軍の飛行場を制圧したが、その際、周辺のジャングル内に遺棄されていた、もと飛行第七十七戦隊所属の一式戦二型を接収した。すでに上陸前のアメリカ軍機による銃・爆撃をうけ、機体は使用不能なほどの損傷をうけていた。

▼昭和20（1945）２月、激戦のすえ比島（フィリピン）ルソン島のクラーク飛行場を制圧したアメリカ軍は、ここで多くの日本陸海軍機を接収した。写真は、飛行場のあちこちで接収した陸軍機を、一ヵ所に集めて並べたところ。手前から２機目が二式戦二型「鍾馗」、他は二式複戦「屠龍」で、奥のほうには九九式双軽爆も確認できる。それぞれ、迷彩色の違いがわかる貴重な写真。日の丸は青いペンキで塗り潰されている。

▲太平洋戦争最後の島嶼攻防戦となった沖縄の本島を制圧したアメリカ軍が、読谷（よみたん）飛行場と思われる一週で接収した、もと独立飛行第二十三中隊所属の三式戦一型「飛燕」。プロペラの曲がった状態からみて不時着して損傷、そのまま遺棄されていたようだ。

▼戦後、神奈川県の厚木基地に進駐してきたアメリカ軍は、ここで多くの旧日本海軍機を接収した。本土防空の中心的部隊だった第三〇二海軍航空隊の本拠地だっただけに、機種も多岐にわたり、敗戦当時も零戦、雷電をはじめ、夜戦の月光、銀河、彗星など数十機を擁していた。写真は、廃棄処分のためにブルドーザーで一ヵ所に集められた各機。手前は零戦、その向こうは雷電、奥のほうに月光、銀河も写っている。

▲わずか４機の試作機完成をもって開発中止に追い込まれた、日本海軍最後の大型陸上攻撃機「連山」。写真は、敗戦当時、唯一空襲被害を免れて原型をとどめていた試作第４号機で、戦後に調査、テスト対象機としてアメリカ本土に搬送された後の撮影。試作、実験機を示す全面黄色塗装はオリジナルのままである。

▼前代未聞の“水中空母”構想に基づき、潜水艦搭載用の特殊攻撃機として開発された、日本海軍の「晴嵐」。写真は、調査、テスト対象機として戦後アメリカ本土に搬送された機体。カリフォルニア州アラメダ海軍基地内に野ざらし展示されていた、1960年10月の撮影。ちなみに、本機はその後1989年から2000年にかけて徹底した復元工事を施され、現在は首都ワシントン近郊のダレス国際空港の敷地内に所在する、国立航空宇宙博物館新館に展示されている。

NF文庫
ノンフィクション

米軍に暴かれた日本軍機の最高機密

野原 茂

潮書房光人新社

序文

先般刊行した、『日本軍鹵《ろ》獲《かく》機秘録』が、幸いにも好評を博したこともあって、テーマ的には、同書と陽陰の関係になる、連合軍側の鹵獲日本機をまとめてみよう、という主旨で執筆したのが本書である。

日本陸、海軍航空部隊が、敵対する国を相手に、初めて大規模な航空戦を交えたのは、昭和一二年七月に勃発した日中戦争であった。

敵対した中華民国の航空戦力は、大陸に展開した日本陸、海軍のそれに比べれば明らかに劣勢で、航空戦の様相も、終始、日本側優勢のまま推移した。

とはいえ、日本側にも相応の被害は生じ、撃墜され、あるいは損傷して不時着し、中華民国側に鹵獲された機体も、少なからずあったはずである。

しかし、日本陸、海軍には、伝統的に〝生きて虜囚の恥しめを受けず〟という、不文律の精神が浸透していたこともあって、損害はほとんど公表せず、まして、敵方に鹵獲された機体、乗員などは、たとえ確認された事実であっても、決して記録として残すようなこともしなかったのである。

また、鹵獲側の中華民国軍とて、写真も含めた、日本機の調査記録などを、きちんと整理、保管する余裕も無かったので、日中戦争に関しては、鹵獲日本機の資料は乏しく、まとまった形で紹介するのは困難である。これは、日中戦争の過程で発生した、ソビエト軍との戦い、ノモンハン事件についても同様のことが言える。

当然の帰結として、鹵獲日本機の記述は太平洋戦争、それも、日本にとって戦勢が不利になった、昭和一八年以降に集中することになる。

敵対したアメリカにとって、緒戦の頃の最大の脅威は、神秘的とさえ映った、日本海軍の零戦であった。アメリカ陸、海軍ともに総力をあげて、本機を完全な形で鹵獲し、その高性能の秘密を探ろうとした。

しかし、それは意外に早く、しかも申し分のない形で実現する。昭和一七年六月、アリューシャン列島アクタン島で手に入れた、空母『龍驤』搭載、古賀一飛曹機である。本機を徹底調査したことで、アメリカは零戦の長所、短所をすべて知り尽くし、以後の太平洋航空戦を有利に戦う術を確立する。これこそ、鹵獲機の調査、研究が、現下の戦況にいかほどの大きな影響力をもたらすかの好例であった。

アメリカは、このあと、日本機の鹵獲、調査などを専任とする、ＴＡＩＵ（航空技術情報隊）を編成し、徹底した活動を展開してゆく。マリアナ、比島（フィリピン）、本土などで、以後、続々と鹵獲される日本機に、ＴＡＩＵの鋭いメスが入り、最新鋭機まで、そのすべてが解明されていった。

これら鹵獲機に関する、調査、およびテスト記録、写真の類は、戦勝国という最大の強みもあって、アメリカ国内の公文書館、博物館などの公共機関に、よく整理された状態で保管されており、本書に掲載した写真、資料の多くも、そうしたところが出処である。

ただ、鹵獲機のすべてを対象に、詳細なる調査、テストを行ない、記録を残したかとなると、必ずしもそうではないようで、参考価値の低い旧式機、あるいは損傷がひどくて、飛行テストまで出来なかった機体などは、単に写真と推定性能、シルエット三面図などで簡単に済ますといった例もある。

先般の『日本軍鹵獲機秘録』では、個別に解説を付したが、その背景からして、今回は、同じ体裁を採るのは不可能である。幸い、望外にも写真が予測よりはるかに多く揃ったこともあり、キャプションを多めにし、解説も兼ねた写真集、という体裁にした。

ただ、アリューシャン、ブナ、サイパン島での鹵獲零戦など、よく知られる機体については、相応の解説は付し、肩の凝らぬよう、主要な機体については塗装図も併載して、前書と対になるよう配慮した。日本軍機フリークの人たちには、見ていて辛くなりそうな内容と思うが、しかし、これもまた動かしようのない事実であったのだ。

これまで、雑誌等で断片的には何度か採り上げられてはいたが、このようにまとまった形で、鹵獲日本機を扱った単行本が刊行されるのは、初めてのことと思う。その意味では、太平洋戦争航空戦の〝裏舞台〟を知るうえで、相応の価値があるのではないかと、秘かに自負している。『日本軍鹵獲機秘録』に劣らぬ反響があれば、筆者としてもこれに勝る喜びはない。

野原　茂

▼日中戦争期間中を通じ、明確に中華民国側の鹵獲機とわかり、かつ完全な状態であることが、写真に記録されている例として、ほとんど唯一のものが、この機体。昭和15年、大陸南部の潿州（ウェイチョー）島に不時着した、もと第一五航空隊所属の九六式二号二型艦戦、"9-122"号機。

米軍に暴かれた日本軍機の最高機密——目次

第一章　勝ち戦の陰で

第二章　修羅の南東方面

米軍に暴かれた日本軍機の最高機密

第一章　勝ち戦の陰で

大戦果と引き換えに

昭和一六年一二月八日、太平洋戦争開戦を告げた、日本海軍機動部隊艦載機によるハワイ・真珠湾攻撃は、史上かつてない鮮やかな作戦手順と、大戦果により、全世界に衝撃を与えた。

しかし、この大戦果の陰にも、艦載機計二九機と、その乗員計五五名の尊い犠牲があったのである。

これら二九機の多くは、アメリカ側の対空砲火により撃墜されたもので、地上に墜ちたものは、当然、原形をとどめぬほどに破壊したが、少なくとも湾内に墜落した九九式艦爆、九七式艦攻各一機は、外観が識別できる程度のもので、のちにアメリカ軍によって引き揚げられ、調査された。後述する零戦も含めたこれら三機が、太平洋戦争における鹵獲日本機の第一号ということになる。

ヒッカム飛行場を銃撃しようとして、低空に降りたところを、カメハメハ要塞の対空砲火に撃たれた、空母『赤城』搭載の、平野崟《あつし》一飛曹搭乗の零戦〝ＡＩ-154〟号機は、飛行場周囲の道路に墜落し、街路樹に激突して機首が吹き飛び、操縦室の直後で胴体は〝く〟の字に折れた。平野一飛曹は、むろん墜落の衝撃で即死した。

アメリカ軍は、本機の残骸を回収して調査したが、機首部の破壊がひどく、零戦の実体を突き止めるまでの〝参考品〟にはならなかった。

失われた二九機のなかで、もっとも悲壮なのは、空母『飛龍』搭載の西開地《にしかいち》重徳一飛曹が搭乗した零戦〝BⅡ-120〟号機であろう。同機は、ベローズ飛行場を銃撃中に対空砲火に被弾、母艦まで戻るのが困難となったため、あらかじめ申し合わせたとおり、救出任務の味方潜水艦が待機する、ニイハウ島に不時着して救出を待った。

しかし、潜水艦の救出能力が貧弱で不時着の有無さえ把握してもらえず、そのうち原住民との争闘に巻き込まれて殺害されるという、痛ましい最期を遂げた。機体は、その前に西開地一飛曹が火を放ち、主要部は焼失していた。

▶真珠湾攻撃で撃墜された、空母『加賀』搭載、九七式三号艦攻の右外翼下面。大きな〝5〟は、機番号下2桁の十の位。この〝356〟号機は、機首部を除いて比較的原形をよくとどめていた。

◀真珠湾内に撃墜され、アメリカ軍によって引き揚げ、回収される九九式艦爆。胴体後半がちぎれているが、前半部は、原形をよくとどめている。

▶ヒッカム飛行場を銃撃しようとして、フォート・カメハメハ要塞の対空砲火により撃墜された、空母『赤城』搭載、平野崟（あつし）一飛曹搭乗の零戦二一型（当時の呼称法では一号二型）“AI−154”号機。機首はちぎれ飛び、胴体は“く”の字に折れている。

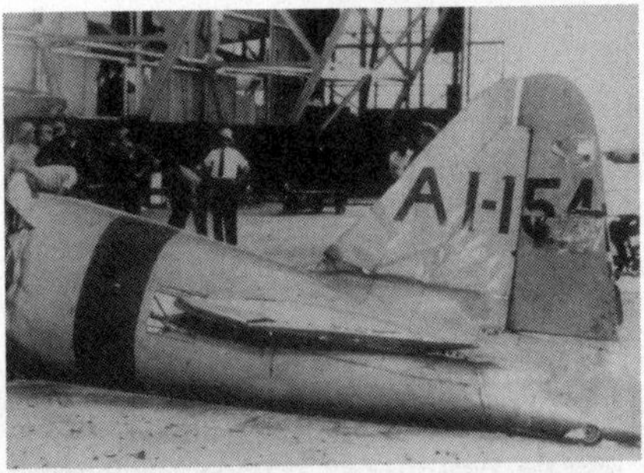

◀飛行場格納庫内に収容された“AI−154”号機の尾部。『赤城』搭載を示す、胴体の太い赤帯１本と、尾翼の部隊符号/機番号がはっきりと確認できる。

さい果ての濃霧の中で

昭和一七年六月四日、運命のミッドウェー海戦に大敗した日本海軍は、実は、自分たちが知らないところで、もうひとつの重大な過失を犯していた。

それは、ミッドウェー作戦と併行して実施した、アリューシャン列島攻撃において、空母『龍驤』搭載の零戦一機（古賀忠義一飛曹搭乗）が、対空砲火に被弾して母艦に戻れなくなり、無人島のアクタン島に不時着し、アメリカ海軍に鹵獲されてしまったのだ。

古賀一飛曹が、不時着に最適と思った草原は、じつは大人の膝まで水につかるツンドラ湿地帯で、機体は着地直後に脚をとられて転覆、操縦室が水面下に没したため、古賀一飛曹は脱出できず、そのまま溺死してしまった。

機体は転覆したが、草と湿地がクッションになったため、損傷は軽く、回収して修理すれば、充分に飛行テストが可能であった。

アメリカ海軍は、ただちに回収班を派遣し、七月中旬に、基地が所在するウムナク島のダッチハーバーに搬送、発動機と機体を別々に梱包したのち、陸軍輸送船をチャーターして、八月一二日にはカリフォルニア州サンジエゴに所在する、ノースアイランド基地に陸揚げされた。

そして、昼夜兼行の修復作業を行ない、九月二五日までには、飛行可能状態まで仕上げた。

その後、海軍、陸軍協同で徹底した調査、テストが行なわれ、零戦の長所、短所はすべてアメリカ側の知るところとなり、弱点を徹底して突く空戦法を確立し、やがてその効果は、ソロモン戦域の戦いから、目に見える形で表われてくることになった。

古賀機の鹵獲は、アメリカ側にとっては思いもかけぬ僥倖、日本海軍には、まさに取り返しのつかぬ痛手であった。

ミッドウェー海戦には大敗したが、支作戦のアリューシャン列島攻略作戦は、ほぼ予定どおり進み、昭和一七年六月七日にはキスカ島、翌八日にはアッツ島が日本の支配下に収められ、北太平洋方面の最前線基地となった。

しかし、アメリカ軍は早くも八月にはアダック島、翌一八年一月にはアムチトカ島を制圧、五月一二日ついにアッツ島にも

▶アメリカ海軍回収班が現場に到着して、最初に撮影した写真のうちの一枚。機体は、左方向から着地し、トンボ返りをうって転覆した。主脚は左右とも付根から折れ、画面左端に落下増槽が転がっている。

▲機体にとりついて、回収作業に精を出す隊員。古賀一飛曹の遺骸は、尾部を持ち上げて操縦室を浮かして収容、約90メートル離れた場所に埋葬された。

▼ウムナク島のダッチハーバーに搬送されてきた、古賀一飛曹の零戦二一型“DI-108”号機。発動機とプロペラは外されている。

零戦二一型 航空母艦『龍驤』飛行機隊 古賀忠義一飛曹搭乗機
昭和17年6月 アリューシャン列島
全面灰色、胴体、尾翼の帯は黄、部隊符号/機番号は赤。

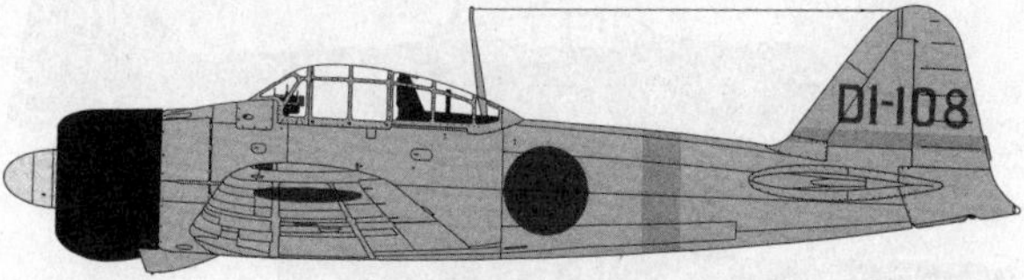

上陸し、一八日間の攻防の末、三〇日には日本軍守備隊が玉砕して、同島はアメリカ軍に占領された。

　戦力に余裕のない日本軍は、アリューシャン列島の維持を断念、八月一日、濃霧に紛れてキスカ島から撤退した。

　アッツ、キスカ両島には、陸上飛行場は建設されず、海軍の水上機、飛行艇が展開したのみであった。アメリカ軍がアッツ、キスカ両島を制圧したとき、水上機基地では、第四五二航空隊の零式水偵、二式水戦、零式観測機などの損傷機も鹵獲されたが、飛行可能なほどの良好状態機は無かったようだ。

▶アメリカ軍が無血占領した、キスカ島の水上機基地格納庫内に転がっていた、日本海軍水上機の残骸。画面に写っているのは、いずれも元四五二空の二式水戦で、機体後半部は原形をとどめているものの、飛行可能状態にまで修復できるようなものはない。

二式水戦 元第四五二海軍航空隊 昭和18年6月 キスカ島
上面暗緑色、下面灰色、スピナー、プロペラ表面は無塗装、尾翼の部隊符号/機番号は白。

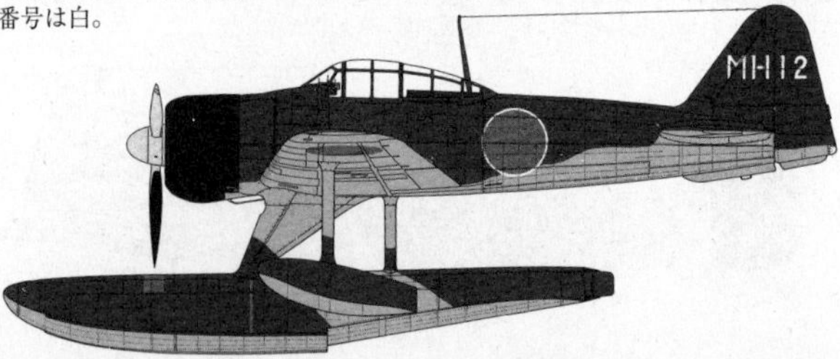

名門台南空の不覚

太平洋戦争開戦と同時に、台湾から比島（フィリピン）、蘭印（オランダ領東インド―現インドネシア）と転戦し、僚友第三航空隊とともに、零戦の不敗神話をつくった台南航空隊の活躍は、つとに有名である。

しかし、この名門台南空にも、公式記録からは窺い知ることの出来ない、痛恨事があったのだ。

それは、太平洋戦争開戦直前の一一月二六日、台湾から仏印（現ベトナム、カンボジア、ラオス）のサイゴンに移動途中、航法ミスによって、長機標識帯を記入した零戦二一型一機が、中国大陸南部・雷州半島の中華民国軍支配地域内に不時着してしまったのである。

本来ならば、太平洋戦争に含める鹵獲零戦の第一号になるのだが、不時着場所が辺鄙なところだったせいか、中華民国側に発見されるのが遅れ、在支アメリカ陸軍航空軍第14航空軍によって回収されたのは、一九四二年八月頃であった。

不時着という状況から、機体の損傷は軽微で、アリューシャンの古賀機よりも、調査、テスト対象機としてははるかに上等だった。しかし、桂林地区に搬送して整備を施し、飛行可能状態にするまでに数ヵ月を要し、インドを経由して、アメリカ本土に船便で搬入できたのは、一九四三年九月頃のことだった。

そして、カーチス社に依頼して、完全に飛行テスト状態に整備されたのは、同年一〇月のことである。新たに〝EB-2〟の登録記号を付与された本機は、陸軍航空軍の担当で性能調査を行なうことになっていたが、すでに、この時点で、海軍がアリューシャンの古賀機を使って、すべての性能調査を終了しており、それほど重要な存在ではなくなっていた。

▲不時着地の雷州半島から、大陸内に約五〇〇キロメートル入った、在支アメリカ陸軍航空軍第14航空軍の主要基地、桂林に搬入されてきた、もと台南空の零戦二一型“V-172”号機。奥の壁に大書された、中華民国軍のスローガンに注目。

▲修復、整備が完了し、飛行場に引き出された、もと台南空の零戦二一型。塗装は上面オリーブドラブ、下面ニュートラルグレイの、アメリカ陸軍機仕様に直され、尾翼に“P-5016”の登録記号を記入している。主翼下面は、中華民国空軍の国籍標識“青天白日”。画面右奥に、第23戦闘航空群のP-40Kが写っている。

▶主脚を出したまま、P-43“ランサー”戦闘機（左）を従えて飛行する、もと台南空の零戦二一型。

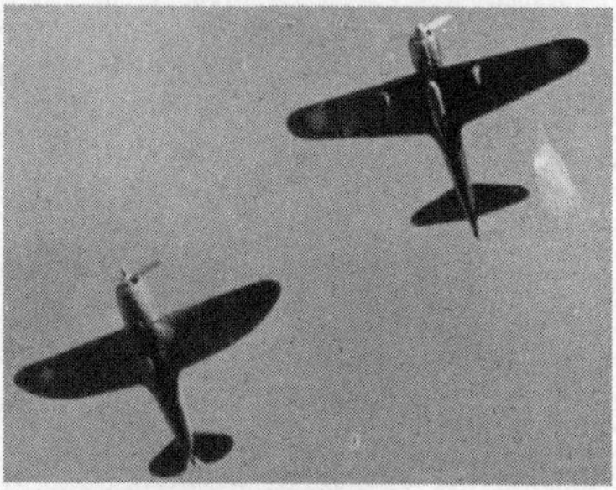

零戦二一型 製造番号 三菱第3372 元台南海軍航空隊
1943年春 中国大陸/桂林

上面オリーブドラブ、下面ニュートラルグレイと推定。左主翼上面に、青円/白星のアメリカ軍国籍標識、両主翼下面には中華民国空軍の“青天白日”マークを記入している。スピナー、プロペラはオリジナルのまま。垂直尾翼の登録記号“P-5016”は白。

第二章　修羅の南東方面

東部ニューギニア、ソロモンの海軍機

昭和一七年一月末、日本軍はビスマルク諸島のニューブリテン島ラバウルを占領し、海軍が南東方面と呼称した、東部ニューギニア、ソロモン諸島を支配下に収め、アメリカ本土とオーストラリアを結ぶ、連合軍の補給線を分断する作戦に出た。しかし、アメリカ軍の反攻は予想よりはるかに早く、一七年八月七日ガダルカナル島に上陸し来たり、日本側の対応は後手にまわった。

海軍航空隊は、ラバウルから長駆ガダルカナル島に進攻し、なんとかアメリカ軍を撃退しようと試みたが、激しい消耗戦に引き込まれ、一八年二月、地上軍の同島撤退を機に、攻守ところを変え、ソロモン諸島をジリジリと後退し、一九年二月ラバウルの航空戦力が、トラック島に引き揚げた時点で、この方面の航空戦は幕を閉じた。

いっぽう、ソロモン諸島をめぐる攻防よりひと足早く、日本軍は東部ニューギニア島の要衝、ポートモレスビーの占領を企図して、ラエ、サラモア、ブナを拠点に進軍したが、アメリカ、オーストラリア軍に行く手を阻まれて作戦は失敗、この方面に展開した海軍航空部隊も一八年一月にはソロモンに転じ、東部ニューギニアは放棄され

た。

激烈な消耗戦が展開され〝航空機の墓場〟とまで形容されたソロモン諸島では、日本軍がつぎつぎと撤退していった島々の飛行場に、相当数の航空機の残骸が遺棄され、アメリカ軍に鹵獲されたのだが、損傷がひどく、飛行テストができるほどのものは無かったようである。

しかし、東部ニューギニアのブナ地区では、アメリカ軍が是非とも入手したがっていた、二号型零戦（三二型）の損傷機を複数接収。それらの使用可能パーツを寄せ集め、飛行可能な一機を再生することに成功している。

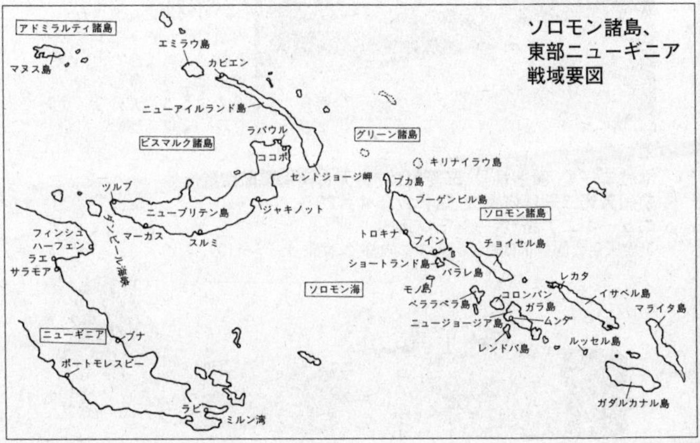

ソロモン諸島、
東部ニューギニア
戦域要図

▲◀昭和17年４月28日、一式陸攻７機を護衛しつつ、ポートモレスビー攻撃に向かった、台南航空隊の零戦二一型11機のうち、前田芳光三飛曹搭乗の“V−110”号機は、空戦中に被弾して周辺地区に不時着、オーストラリア軍に接収された。写真は、ポートモレスビーに搬送されてきた前田機。原形はしっかりしており、調査するには充分な“サンプル”ではあった。

零戦二一型 製造番号 三菱第1575 元台南海軍航空隊
前田芳光三飛曹搭乗機 昭和17年４月28日
ニューギニア島/ポートモレスビー

全面灰色、胴体帯は青、尾翼の部隊符号/機番号“V−110”は黒。

ブナの二号型零戦

一九四三年一月二日、東部ニューギニアのブナを占領した連合軍は、同飛行場周囲に遺棄されていた、数機の零戦を鹵獲した。これらはすべて損傷していたが、その程度は軽く、無傷のパーツを寄せ集めれば、飛行可能な一機を再生できそうであった。

連合軍側が喜んだのは、これらの零戦は、かねてより詳細な情報を渇望していた、新型の〝MK.Ⅱ〟と呼ばれた（日本海軍側の当時の制式名称は零式二号艦上戦闘機—のちの三二型）機体だったこと。

これらは、専門の調査隊〝TAIU〟によって、オーストラリア東沿岸のブリスベーン市近郊、通称〝イーグル・ファーム〟と呼ばれた基地に運ばれ、予見したとおり、ほぼ完全に近い状態の一機を再生することに成功した。

そして、同基地にて主要な調査、性能テストがひととおり実施され、新型零戦の全貌が明らかにされた。

▲ブナ基地周囲で連合軍に鹵獲された、“二号型零戦”の一機、もと台南航空隊の“V−187”号機。操縦室、風防、左主翼端などに損傷をうけているが、程度は軽い。

零戦三二型 製造番号 三菱第3032 元台南海軍航空隊
昭和17年12月 ニューギニア島/ブナ
全面灰色、胴体の報国号文字（黒）にかかる斜帯は青、尾翼の横帯は白、部隊符号/機番号は黒。

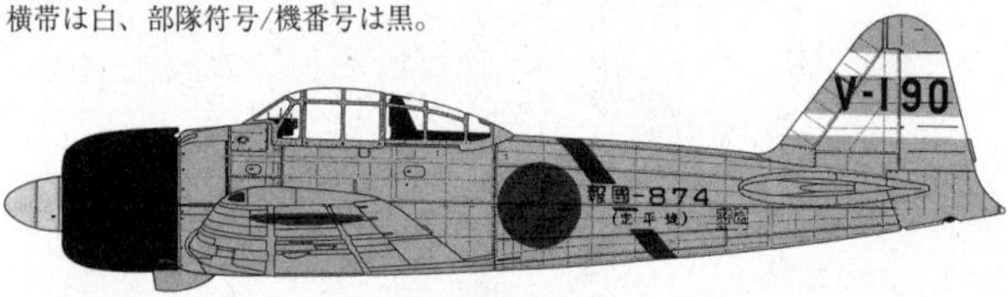

◀テスト飛行のため、イーグル・ファームの滑走路に引き出された、再生二号型零戦。同地でのテスト終了後、本機はアメリカ本国に搬送され、有名な“EB−201”の登録記号を付与される。

▲こちらは、もと第二航空隊所属の二号型零戦“Q-102”号機。ブナに遺棄されていた二号型零戦は、すべて、もと台南空、二空の所属機で、昭和17年９月から12月まで、一定期間ずつブナに派遣されていた機体だった。

▼オーストラリアのブリスベーン市近郊、通称“イーグル・ファーム”と呼ばれた基地に搬送された、２機分の胴体、１基のエンジン、プロペラ、多数のパーツをもとに、完全な状態に再生された二号型零戦。

▲ブナの北北西約250キロ、ニューギニア島東岸に所在する、ラエ基地に遺棄されていた零戦二一型の残骸。ラエは、日本海軍が最初に設営した、東部ニューギニアの重要基地で、昭和17年４月以降、台南空の零戦を中心とする各隊が、一定期間ずつ派遣されていた。

▼これも、占領した連合軍が、ラエ基地で発見した、もと第四航空隊所属の一式陸攻一一型。主要部は完全に消失し、尾部だけが、かろうじて原形をとどめている。上写真の零戦二一型も含め、ラエの鹵獲日本海軍機は、いずれもスクラップ同然の状態だった。

一式陸攻一一型 元第四海軍航空隊 昭和17年夏 ニューギニア島/ラエ
上面暗緑色、下面無塗装ジュラルミン地肌、機首、ナセル上面の反射除け塗装は黒、尾翼の帯、部隊符号/機番号は白。

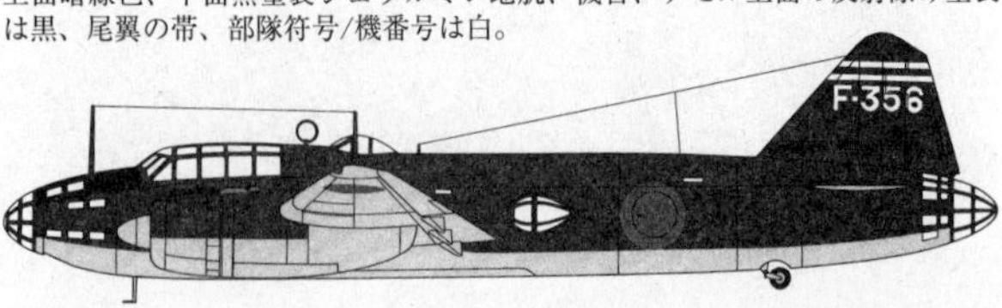

▲▼場所は特定できないが、ニューギニア島東部の海岸に不時着し、搭乗員によって焼却処分されたと推定される、もと第二航空隊所属の九九式艦爆“Q-218”号機。連合軍に鹵獲された後の状況で、胴体中央部は完全に焼失しているが、他はほとんど無傷のままのようである。二空は、二号型零戦と九九式艦爆で構成された陸上基地航空隊で、昭和17年8月6日にラバウルに進出、同月下旬～9月8日、11月中旬～12月末までの2回、主力をブナ、ラエに派遣して、東部ニューギニア航空戦に参加した。

九九式艦爆一一型 元第二航空隊 昭和17年 ニューギニア島
上面暗緑色、下面灰色、部隊符号/機番号は白。

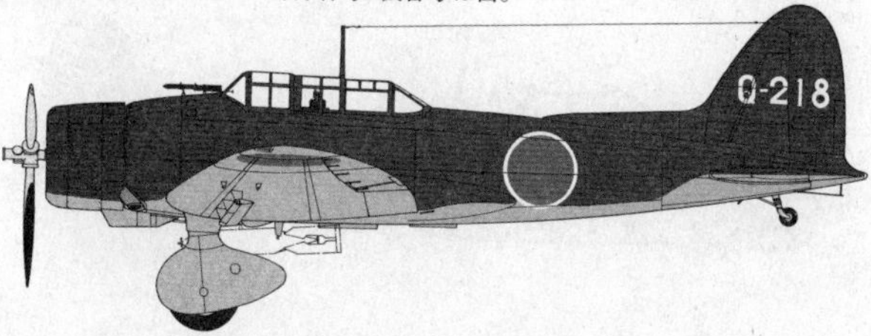

▲〔上２枚〕日本軍がガダルカナル島の奪回を放棄し、同島から撤退した1943年２月、海岸に不時着したまま、置き去りにされ、アメリカ軍に接収された、もと“ラバウル航空隊”の零戦二一型。風防、操縦室内などの損傷がひどいが、全体的に原形をよくとどめている。垂直尾翼の部隊符号/機番号は“1−146”が確認できるが、所属部隊は判然としない。

零戦二一型 元“ラバウル航空隊” 昭和18年２月 ガダルカナル島

上面暗緑色、下面灰色、胴体帯、尾翼の部隊符号/機番号は黄。

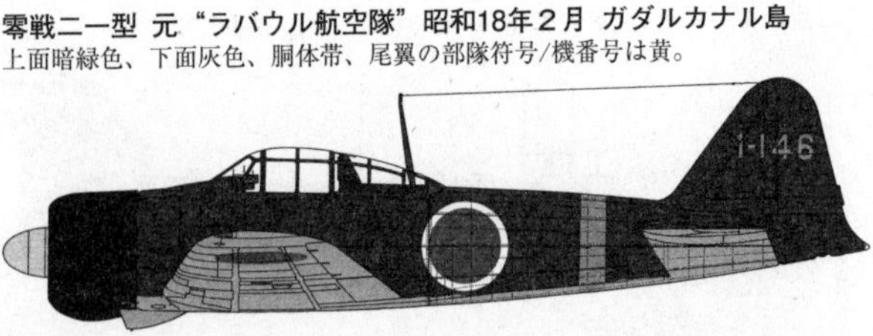

▲1943年８月、ソロモン諸島中部のニュージョージア島を制圧したアメリカ軍が、かつて日本海軍の重要基地だった、ムンダ飛行場にて鹵獲した、各種航空機。いずれも、アメリカ軍の砲爆撃により損傷をうけているが、それぞれの型式区別は容易。画面右から、零戦三二型、同二一型、同二二型、九九式艦爆。

◀上写真の、いちばん奥に位置していた九九式艦爆。尾翼の部隊符号〝T３〟が示すように、もと第五八二航空隊（旧第二航空隊を17年11月1日付けで改称）の所属機。風防ガラスはすべて破れ、各部に弾片による破孔が開いた痛ましい状態である。

九九式艦爆一一型 元第五八二海軍航空隊 昭和18年８月 ニュージョージア島/ムンダ

上面暗緑色、下面灰色、スピナー、プロペラ表面は無塗装、胴体日の丸は細い白フチ付き、胴体、尾翼の帯は赤、部隊符号/機番号は黄。

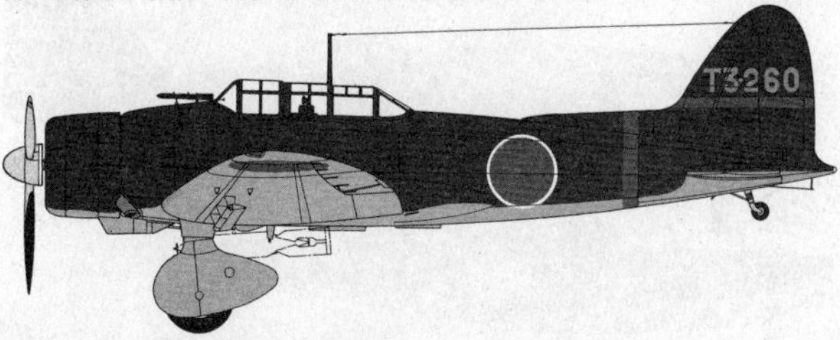

▼ソロモン諸島の水上機基地にて、銃撃により損傷し、フロートが浅瀬に水没したまま放置され、アメリカ軍に接収された零式観測機。手前機は、尾翼の部隊符号/機番号“YⅡ-3”からして、もと水上機母艦『神川丸』搭載機であろう。

▲これも、前ページと同じく、ニュージョージア島ムンダ飛行場にて、不時着したままの状態で放置され、アメリカ軍に接収された、もと第七〇五航空隊の一式陸攻一一型“336”号機。周囲のヤシの木が、すべて葉を吹き飛ばされており、アメリカ軍の砲爆撃の凄まじさがうかがい知れる。一式陸攻の機首、ナセルは、その爆風で外板がひしゃげてしまっている。

零式観測機一一型 元特設水上機母艦『神川丸』搭載機
昭和18年 ショートランド島
上面暗緑色、下面灰色、胴体日の丸は細い白フチ付き、胴体後部帯、部隊符号/機番号は白。

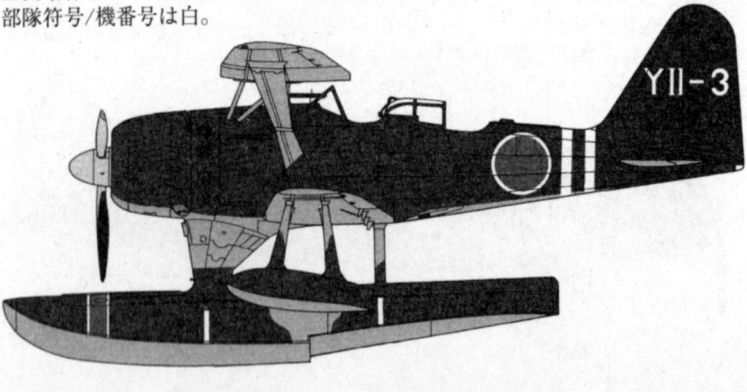

▼これも、ニューブリテン島のジャキノット飛行場に放棄されていたところを、オーストラリア軍に鹵獲された九七式艦攻一二型。写真をみればわかるように、飛行テストも可能な良好のコンディションだったが、本機のその後の消息は不明。現地でスクラップ処分されてしまったのかもしれない。

▲1944年12月、ラバウルは、いまだ日本軍の支配下にあったが、すでに太平洋の主戦場はフィリピンに移り、忘れ去られた戦域になっていた、ニューブリテン島の旧日本海軍飛行場跡に、ひっそりと遺棄されたままアメリカ軍に発見された、もと第五〇一航空隊の艦爆『彗星』一一型"01-070"号機。胴体後部に激しい損傷がみられるが、原形はよくとどめている。周囲の草が、銃爆撃の跡を埋めて伸びており、この機体が遺棄されてから、かなりの日数が経過していることを示している。

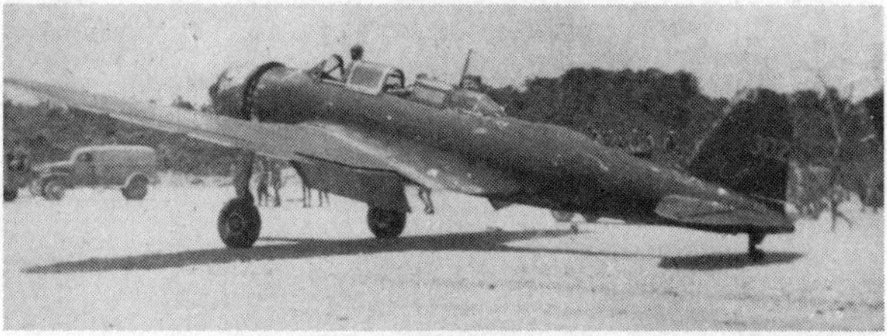

艦爆『彗星』一一型 元第五〇一海軍航空隊
昭和19年12月 ニューブリテン島

上面暗緑色、下面灰色、プロペラ表面無塗装、主翼下面日の丸のみ細い白フチ付き、主翼前縁に幅広の味方機識別帯あり。尾翼の部隊符号/機番号と帯は白。

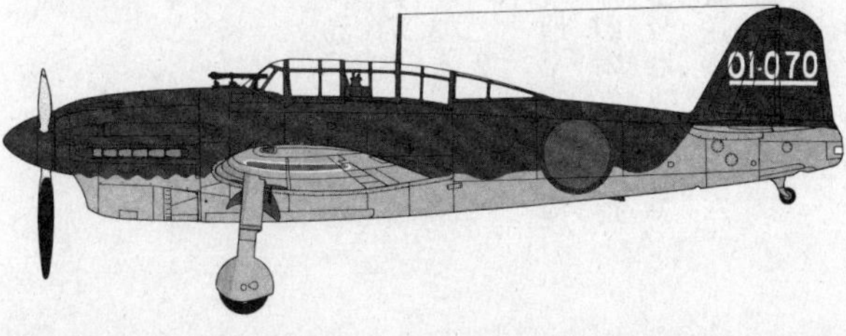

南半球のさい果ての国に渡った零戦

一九四五年八月一五日、日本が無条件降伏して太平洋戦争が終結すると、すでに忘れ去られた戦場となっていた、ソロモン諸島の要地には、再統治を前提に、オーストラリア、ニュージーランド軍が進駐した。

そのうち、かつて、旧日本海軍の根拠基地が所在した、ブーゲンビル島に進駐したニュージーランド軍は、同島南部の主力飛行場ブインから、北西方向に約七マイルのジャングル内に切り開かれた、カラ補助飛行場の片隅に、飛行可能な零戦二二型一機を発見して接収した。

調査してみると、この機体は、損傷機五機分のパーツを寄せ集め、現地で組み立てられた再生機であることがわかり、おそらく、有名な〝ラバウル工廠〟製の零戦と推定された。尾翼にかすかに残る部隊符号／機番号〝2-182〟も、それを裏付けている。

その後、本機はニュージーランド北島の、ホブソンビル空軍基地に搬送され、一六名のパイロットによって飛行テストされたが、翌一九四六年に入ると、故障部品のスペアが無いために飛行不可能となった。

そして、中央飛行学校に移管され、教材として使われていたが、痛みが激しくなったので分解し、アルドモア空軍基地内に保管された。

一九五八年、オハケア空軍基地における航空ショーの展示品として再組み立て、塗装も異様な雲形迷彩が施された。用済み後は、オークランド博物館に移管され、一九九五年頃まで展示されていたが、機体の老朽化が進んだため、翌年から分解、修復作業を行ない、塗装もオリジナルに近い状態に直され、現在に至っている。

オリジナルな二二型としては、唯一の現存機であり、貴重な存在である。

零戦二二型 元“ラバウル航空隊”昭和20年９月 ブーゲンビル島/カラ
複数の損傷機部品を寄せ集めた、現地再生機。上面暗緑色、下面灰色、スピナー、プロペラ表面無塗装、各日の丸はフチ無し、尾翼の部隊符号/機番号は白。

▲ニュージーランド本国に搬送するため、カラ飛行場より、同空軍パイロットの操縦で、沿岸部のビバ飛行場に空輸されてきた、もと“ラバウル航空隊”所属の零戦二二型。初めて見る、かつての敵国機を、もの珍しそうに多勢の兵士がとり囲んでいる。飛行する関係で、安全を確保するために、機首上面を除いた全面を白色に塗り潰し、胴体、主翼に“グリーン・クロス・フライト”を示す、緑十字マークを記入している。

◀ニュージーランド北島オークランド市に近い、ホブソンビル空軍基地に運ばれてきた零戦二二型。白色塗装、緑十字マークは落とされ、オリジナル状態に戻っている。垂直安定板などに残る、破孔修理の跡を示すパッチが、いかにも“リサイクル機”らしい。

▼1958年、オハケア空軍基地の航空ショーに展示するため、再組み立てされ、異様な雲形迷彩を施された零戦二二型。1997年5月、筆者がオークランド博物館を訪れたときは、“寿命延長”のための、修復作業中であった。

孤島に果てるも……

▲1943年11月下旬、日本軍が支配していた太平洋最南東端の、ギルバート諸島タラワ島に上陸したアメリカ軍は、４日間の激戦の末、同島を制圧。飛行場隅の、ヤシの木を積み重ねて造った掩体の中で、もと第二八一航空隊の零戦二一型“Z1-120”号機を接収した。銃爆撃により中破している。

▼1944年２月、上写真のタラワ島から、北方約800kmに位置した、マーシャル諸島タロア島に進駐したアメリカ軍が、飛行場で発見した、もと第二五二航空隊の零戦二一型。損傷、破壊してから、かなりの期間放置されていたようで、機体の、全面単色初期塗装もそれを裏付けている。

▼これも、やはりマーシャル諸島のルオット島を制圧したアメリカ軍が、同島飛行場で接収した、もと第二八一航空隊所属の零戦五二型“81-162”号機。中破状態だが、機体調査するには充分な“サンプル”になったろう。二八一空は、昭和18年12月３日にルオット島に進出したが、翌年２月のアメリカ軍上陸により、全滅して果てた。

第三章　陸鷲哀歌

青天白日旗の下で

日中戦争もそうであったが、日本陸軍の主戦場は、創設以来ずっと中国大陸である。しかし、太平洋戦争は、文字どおり広大な太平洋を舞台に、日本、アメリカの両海軍が主役となって戦う形となり、その面では、陸軍は脇役の存在に甘んじたと言える。もっとも、戦争中期以降は、中華民国のうしろ楯となったアメリカが、大陸の航空戦力を増強し、日本陸軍の支配地域に攻勢をかけてきたため、各地で航空戦が激化していった。

この激しさを増した航空戦のなかで、日本陸軍側は、中華民国/アメリカ陸軍航空軍のP-40戦闘機を、数機以上も鹵獲しており、相手側にも、少なからぬ日本陸軍機の鹵獲機は、存在したはずである。

しかし、中国大陸戦線では、他戦域ほどの余裕がなかったのか、戦時中に限ればアメリカ軍の公式写真にも、鹵獲日本機を記録したものが少なく、P.47~50にかけて掲載した、九七式戦、一式戦の一連のカットぐらいのようである。

中国大陸の陸軍飛行部隊は、昭和一九年一月までは第三飛行師団、二月以降は第五航空軍が束ねたが、その戦力は最大でも二〇〇機強、これに対し、アメリカ陸軍第14航空軍は四七〇機以上を保有しており、第20航空軍のB-29と合わせると、合計数は五〇〇機を超えた。

昭和一九年一〇月末、在中国大陸の陸軍地上部隊、飛行部隊を総動員した『大陸打通作戦』が、尻切れトンボの形で終わって以後は、日本側にまともな航空戦力は無くなり、大陸航空戦は事実上、終焉した。

前掲の九七式戦に次いで、中華民国側が鹵獲した日本陸軍機は、当時の主力戦闘機、一式戦一型『隼』であった。

記録によれば、一九四二年五月一日、ビルマの〝ＨＡＰＯ〟にて鹵獲されたとあり、おそらく、当時タイのチェンマイに展開し、中華民国・雲南省との国境に近い、北部ビルマのロウィン方面に出撃を繰り返していた、〝加藤部隊〟の通称で呼ばれた、飛行第六四戦隊の所属機と思われる。

◀1942年春頃、在中国アメリカ陸軍航空軍／中華民国軍に鹵獲された、九七式戦闘機。飛行場施設とは思えない、民家風の建物と、手前の畑とおぼしき風景が、なんとなく奇妙に感じられる。

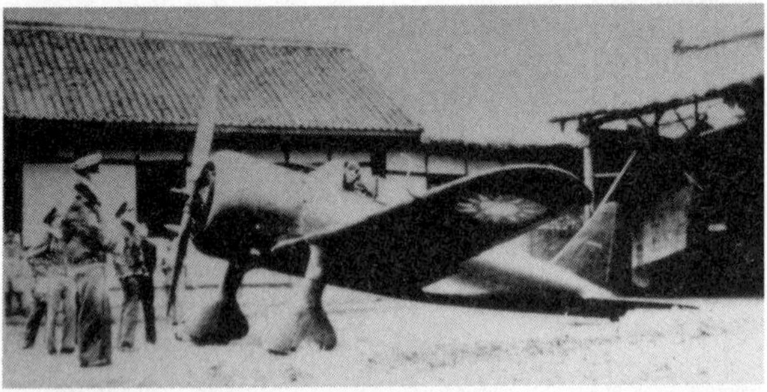

▲〔上２枚〕前ページ写真と同じ九七式戦を、別アングルから捉えたショット。主翼下面に、中華民国空軍の国籍標識、“青天白日”を描き込んでおり、垂直安定板には、小さくP–5015の登録記号を記入している。詳しいデータがないので、もとの所属部隊とかは不詳。1942年春といえば、多くの戦闘機隊は一式戦に機種改変していたが、中国大陸の第九、五四戦隊、独飛一〇中隊などが、依然として九七式戦を装備していた。

九七式戦 中華民国空軍 1942年春 中国大陸

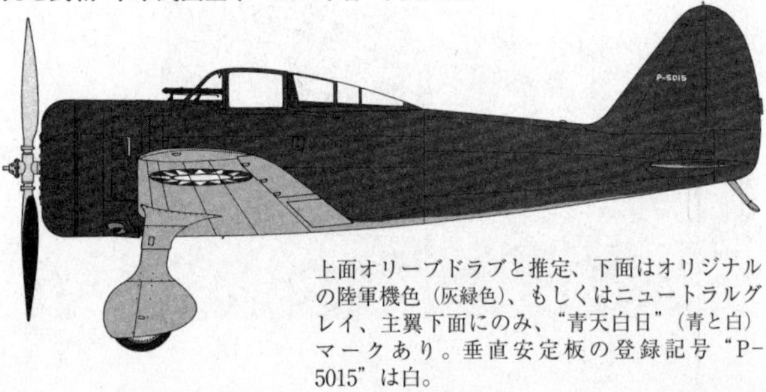

上面オリーブドラブと推定、下面はオリジナルの陸軍機色（灰緑色）、もしくはニュートラルグレイ、主翼下面にのみ、“青天白日”（青と白）マークあり。垂直安定板の登録記号“P–5015”は白。

　鹵獲されたときの状況が、いまひとつはっきりしないが、修復後の写真を見る限り、機体はほぼ完全な形だったらしい。おそらく、被弾、もしくは発動機不調などの理由で不時着したものだろう。

　むろん、当時の六四戦隊の記録から、本機の操縦者が誰であったかを確認するのは不可能である。捕らえられて捕虜になったか、あるいは自決したかのいずれかであろう。

▲〔上２枚〕深い木立に囲まれた、中華民国空軍基地の建物前で、修理完了記念と思われる写真に収められた、北ビルマ/HAPOでの鹵獲一式戦一型。塗装はすべて塗り直され、アメリカ陸軍規格の上面オリーブドラブ、下面ニュートラルグレイ、主翼下面には“青天白日”の国籍標識が記入されている。補助翼と翌端部が、まだ取り付けられていない。

▲▼前ページ写真より、いくらか日数が経過した後、飛行場に引き出され、テスト飛行に備えて発動機試運転をうける一式戦一型。傍で見守るアメリカ兵は、義勇飛行隊“フライング・タイガース”の隊員と思われる。本機の登録記号は“P-5017”であり、P.25で紹介した、もと台南空の零戦二一型“P-5016”、前掲の九七式戦“P-5015”と続き番号になっていることからして、この3機は相次いで鹵獲されたことを示している。

一式戦一型『隼』元飛行第六四戦隊所属機 1943年 中国大陸/桂林
上面オリーブドラブ、下面ニュートラルグレイ、スピナーもオリーブドラブ、青天白日の中華民国空軍国籍標識は、主翼上、下面、胴体左右にフルに記入。方向舵のナショナル・カラー標識（青と白のストライプ）、および、胴体国籍標識は、修復完了直後には未記入だった。垂直安定板に“P-5017”の登録記号を、小さく白で記入している。

▲〔上２枚〕昭和17年12月15日、ビルマからインド東部のチッタゴン攻撃に参加し、イギリス空軍戦闘機、もしくは対空砲火により損傷し、不時着して鹵獲された、飛行第五〇戦隊第二中隊所属、小谷川親曹長の乗機一式戦一型“孝”号。胴体着陸の衝撃により、機首が折れ曲がっている。この状態を見る限り、小谷川曹長は無事だったと思われるが、捕虜となることは免れなかったろう。

一式戦一型『隼』元飛行第五〇戦隊第二中隊 小谷川親曹長乗機
昭和17年12月15日 ビルマ

上面暗緑色、下面無塗装、スピナー、カウリング先端、戦隊マークは黄。主翼前縁に味方機識別帯あり。胴体日の丸のみ白フチ付き、方向舵上部の個有機識別文字“孝”は白。

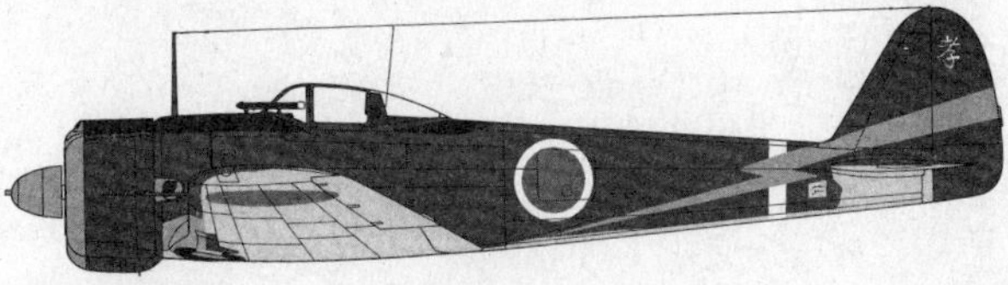

苦渋の南東方面

海軍が南東方面と呼んだ、ソロモン諸島、東部ニューギニア島は、本来、陸軍の管轄外地域であったのだが、アメリカ軍との激しい航空戦で、兵力低下した海軍の強い要請をうけ、昭和一七年一一月、新たに第六飛行師団を編制し、ラバウルに司令部を置いた。

そして、一二月から翌一八年一月にかけて、精鋭と謳われた一式戦『隼』装備の第一二飛行団（飛行第一、一一戦隊で構成）がラバウル西飛行場に進出し、以後、九九式双軽爆装備の飛行第四五戦隊、九七式重爆装備の飛行第一四戦隊も続き、海軍航空部隊との協同出撃も含めて、激烈な消耗戦に参加した。

しかし、アメリカ陸、海軍機と初めて正面から戦った第六飛行師団は、中国大陸、ビルマ、蘭印方面で戦った敵機とは、比較にならぬ強大な戦力、戦術に驚き、とりわけ、B-17四発重爆を迎撃して、一式戦の一式十二粍七（12・7㎜）機関砲二門の貧弱な武装では、まったく歯が立たないことに衝撃をうけた。

第六飛行師団が、ソロモン方面で苦戦している頃、オーストラリアで充分に戦力拡充した、アメリカ陸軍航空軍第5航空軍は、ニューギニア島東南のポートモレスビーを拠点に、同島北岸方面に対する攻勢を強め、日本陸軍の要衝ウエワク地区などが、脅威に晒されるようになった。

　そのため、陸軍参謀本部は、南東方面の第六飛行師団を、ニューギニア島に転戦させることにし、昭和一八年三月以降、各戦隊ごとに移動し、六月には師団司令部もウエワクに移り、陸軍飛行部隊の、南東方面における活動は終焉した。

▼１９４３年夏、アメリカ軍に占領された、ニューギニア島東部の、かつての日本海軍基地ラエ飛行場の片隅で、置き去りにされたまま鹵獲された、もと飛行第一、または一一戦隊所属の一式戦一型、製造番号６２２。風防を破損しているが、外観上は大きな損傷もないようだ。後方は、海軍の一式陸上輸送機〝Ｐ-９１１〟号機の垂直尾翼。

▲〔上２枚〕1944年４月、かつて日本海軍航空部隊の最大根拠基地ラバウルが所在した、ニューブリテン島の西端に位置する、ツルブ飛行場付近に放置されたまま、進攻してきたアメリカ軍に接収された一式戦一型『隼』。尾翼のマークから、上段は、もと飛行第一戦隊、下段は第一一戦隊所属機とわかる。後者は、胴体日の丸前方に長機標識帯を記入しており、第三中隊長藤田重郎大尉乗機だったものと推定される。両機とも、放棄されてから、１年近い日時が経過していたようである。

一式戦一型『隼』元飛行第一一戦隊第三中隊
昭和19年４月　ニューブリテン島/ツルブ

上面暗緑色、下面無塗装ジュラルミン地肌、スピナー、プロペラはこげ茶色、胴体の２本の帯は白、尾翼の戦隊マークは、第三中隊カラーの黄。

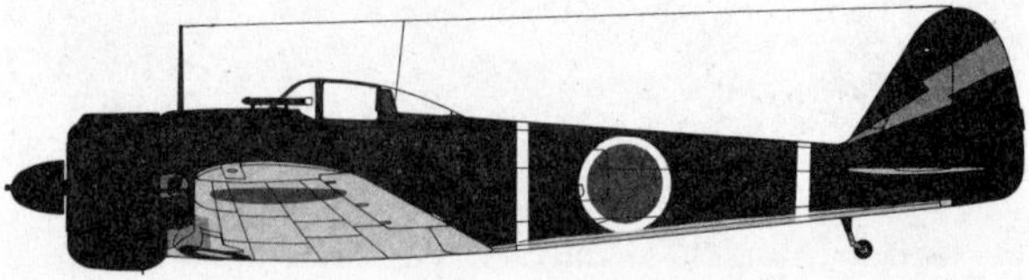

▶まさに、一木一草さえ残らず抹殺する猛爆撃の跡、という表現がピッタリの、アメリカ軍占領下のニュージョージア島ムンダ飛行場に、残骸を晒す、もと飛行第四五戦隊所属の九九式双軽爆。この破壊状況では、さすがに調査対象にはならなかったろう。

▼前ページの一式戦と同じく、ニューブリテン島ツルブ飛行場付近で、不時着・損傷したまま放置され、アメリカ軍に接収された、もと飛行第一三戦隊の二式複戦乙型『屠龍』。一三戦隊は、昭和18年5月11日から6月下旬にかけてラバウルに進出し、第六飛行師団に編入されたが、7月にはニューギニア島のウエワクに移動したため、ニューブリテン島で活動した期間はごく短かった。

二式複戦乙型『屠龍』元飛行第一三戦隊
昭和19年4月　ニューブリテン島/ツルブ

全面灰緑色地の上面に、暗緑色の濃密なマダラ状迷彩パターン。胴体帯は白、尾翼の戦隊マークは、赤い丸に、図案化した隊名の“十三”（白）を重ねたデザイン。方向舵上端に、機番号“23”を白で小さく記入している。

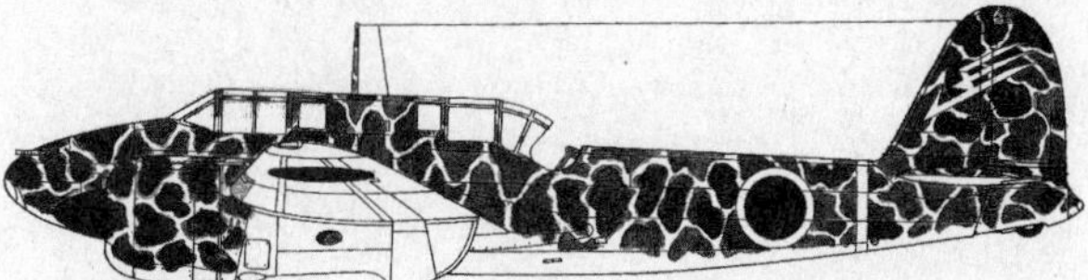

悲劇の島ニューギニア

南太平洋方面における、アメリカ軍の反攻作戦が本格化し、戦局が容易ならざる事態となった昭和一八年七月、日本陸軍は、主担当区のニューギニア島を死守するために、新たに第四航空軍を設立し、第六、七の二個飛行師団を束ねて、統一指揮することとした。

四航軍司令部はウエワクに置かれ、西方のブーツ、東方のマダンなどの各飛行場を含めて、戦闘機五個、重爆三個、軽爆二個戦隊、司偵中隊四個、あわせて約三五〇機を配備した。

しかし、日本側の基地設営能力は貧弱で、航空機の分散秘匿処置が劣悪だったのと、レーダーも持たない警戒網がお粗末だったことにより、アメリカ陸軍第5航空軍の、戦爆連合編隊による奇襲攻撃を再三にわたって許し、戦力の急低下を招くという愚を犯した。

そして、連日の爆撃により、ウエワクが基地としての機能を喪失すると、一九年三月、四航軍司令部は、西方約八〇〇キロに位置するホランジアに後退したが、同地も同月三〇、三一日の二日間にわたる大空襲で壊滅した。
生き残りの空中勤務者、整備員、および基地防衛の地上軍兵士たちも、四月二二日、アメリカ軍のホランジア上陸をうけ、ジャングル内を西方のサルミに向かって逃避したが、その大部分は、アメリカ機の銃爆撃、風土病、飢餓により戦死した。
結局、ニューギニアに展開した陸軍飛行部隊の大半が壊滅、うち六個戦隊は、再建を断念して解隊に追い込まれており、まさに、陸軍飛行部隊にとって、ニューギニアは地獄の戦場といってよかった。
アメリカ軍が制圧したウエワク、ホランジア地区には、おびただしい数の日本陸軍機が遺棄されており、うち何機かは修復され、飛行テストをうけた。

▶ホランジア飛行場に、敗残の姿を晒す、もと、飛行第五九戦隊第二中隊所属の一式戦二型。同戦隊も、有名な撃墜王、南郷茂男大尉を筆頭に敢闘したが、一九年一月には戦力が底を尽き、内地に引き揚げた。

▲〔上２枚〕上陸してきたアメリカ軍が、ホランジア飛行場周辺で接収した一式戦二型。いずれも機体に損傷をうけており、アメリカ軍上陸の前に、すでに放置されていたものらしい。上写真の手前機は飛行第七七戦隊第一中隊、下写真は、同二四八戦隊の所属機。この両戦隊とも、ニューギニアにて壊滅し、再建されることなく、19年７月25日付けをもって解隊した。

一式戦二型後期『隼』元飛行第七七戦隊第三中隊長乗機
昭和19年４月　ニューギニア島/ホランジア

無塗装のジュラルミン地肌の上面に、暗緑色の細かい斑点状迷彩パターン、胴体の３本の帯は白、スピナー、尾翼の戦隊マークは、第三中隊カラーの黄。この図の機体も、ホランジアでアメリカ軍に接収されたうちの１機。

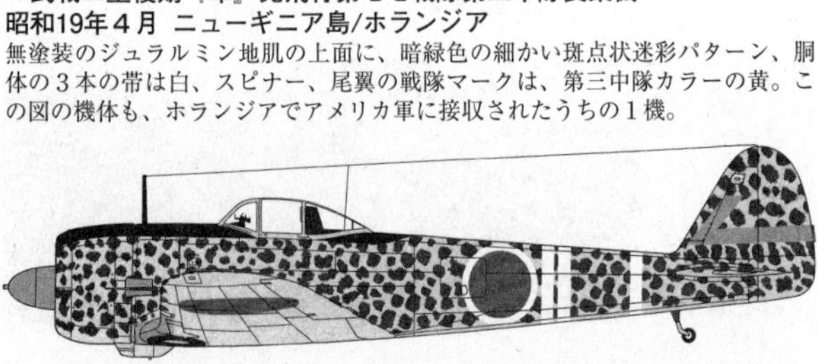

▲ホランジア地区で、上陸してきたアメリカ軍に鹵獲され、飛行可能状態に整備された一式戦二型。塗装はすべて落とされ、アメリカ陸軍機と同様のマーキングが描き込まれている。当時、ホランジアには飛行第六三、七七、二四八の、一式戦装備3個戦隊が展開していたが、いずれも戦力は底を尽いており、可動機は3個戦隊あわせても10機に満たなかった。しかし、飛行場周辺には、程度の軽い損傷機多数が放置されており、アメリカ軍は少なくとも数機の一式戦を飛行可能状態に修復した。写真はそのうちの2機。

一式戦二型後期『隼』アメリカ陸軍航空軍テスト時
1944年夏 ニューギニア島/ホランジア
全面無塗装ジュラルミン地肌、ただし動翼の羽布張り外皮は銀色塗装。スピナー、プロペラはオリジナルのままのこげ茶、もしくは黒に再塗装、機首上面の反射除け黒塗装は、途中で途切れている。左主翼上面、右主翼下面、胴体左右にアメリカ軍国籍標識。垂直尾翼の登録記号“XJ004”は黒。

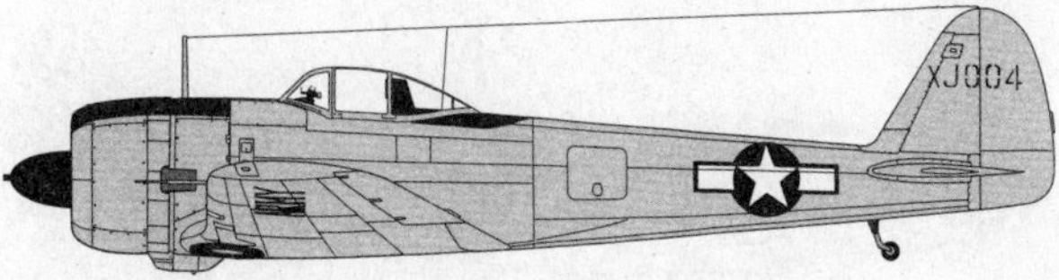

▲〔上２枚〕陸軍が、絶大なる期待を寄せてニューギニアに送り込んだ、新鋭三式戦『飛燕』だったが、発動機不調という致命的な欠陥と、圧倒的に優勢なアメリカ軍航空戦力が相手ということもあって、苦闘を余儀なくされ、他の部隊同様、派遣された２個戦隊（第六八、七八戦隊）は、壊滅の憂き目にあった。写真は、ホランジア地区にて、上陸してきたアメリカ軍に接収された三式戦一型。上段はもと六八、下段は七八戦隊所属機。前者は、陸軍屈指の撃墜王、垂井義光中尉の乗機だったと推定される。

三式戦一型甲『飛燕』元飛行第六八戦隊第二中隊長乗機
昭和19年４月　ニューギニア島/ホランジア

全面無塗装ジュラルミン地肌の上面に、暗緑色の乱雑なマダラ、蛇行状迷彩パターン。胴体日の丸のみ白フチ付き、スピナー、プロペラはこげ茶色。胴体の帯は２本とも白だが、前方の中隊長乗機標識帯は細い赤フチ付き。尾翼の戦隊マークは、第二中隊カラーの赤（白フチ付き）。

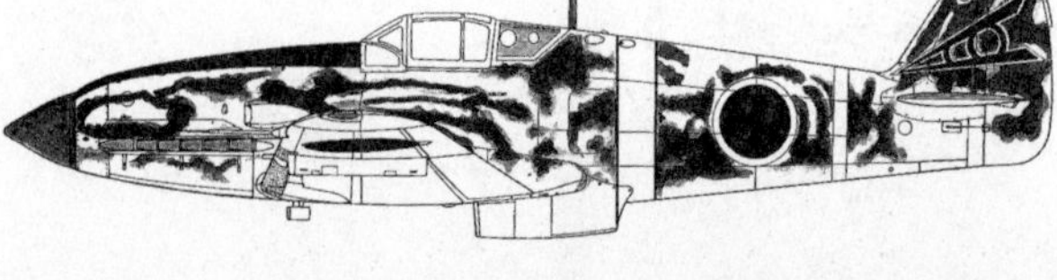

▲ホランジア飛行場の一隅にうち捨てられたまま、アメリカ軍の手に落ちた、もと第七輸送飛行隊の一〇〇式重爆二型『呑龍』。ニューギニア戦線には、第七、および六一の２個戦隊の一〇〇式重爆も展開していた。

▼整備中に爆撃をうけたのか、逆立ち状態のまま、アメリカ軍に接収された、もと飛行第一〇戦隊所属の九九式軍偵。左主翼が、主脚付根の部分で切り離されている。これもやはり、ホランジアでの撮影。

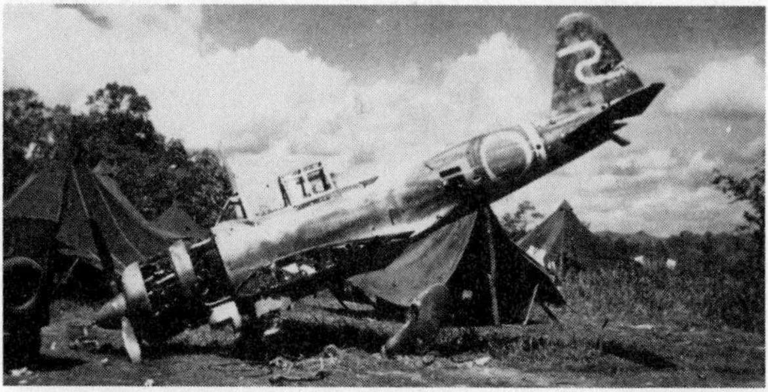

一〇〇式重爆二型『呑龍』元飛行第七戦隊
昭和19年４月　ニューギニア島/ホランジア
全面無塗装ジュラルミン地肌の上側面に、暗緑色の“X”字状迷彩パターン、スピナー、プロペラはこげ茶色。胴体日の丸のみ白フチ付き、その後方の帯は白、“7”を図案化した尾翼の戦隊マークは赤（白フチ付き）、
第二中隊機と思われる。

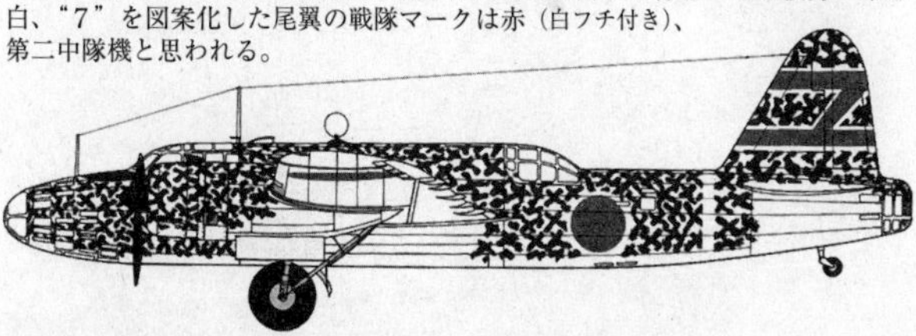

第四章

マリアナ諸島の海鷲

絶対国防圏の崩壊

昭和一八年夏、連合軍の反攻作戦はいよいよ本格化し、広がり過ぎた太平洋戦域を支えきれなくなった日本は、九月三〇日の御前会議において、〝今後の戦争指導の大綱〟を決議。戦線を縮少したうえで、この線だけは絶対に死守しなければならないという、いわゆる〝絶対国防圏〟を設定した。

中部太平洋正面における、この絶対国防圏の最前線が、マリアナ諸島であったわけだが、アメリカ軍は、日本側の予想よりも早く、この方面の攻略作戦を企図し、昭和一九年六月一五日には、サイパン島に上陸してきた。

この上陸作戦実施の四日後、マリアナ諸島西方海上で、日本、アメリカ両海軍機動部隊同士が、一大決戦を交えた（マリアナ沖海戦）わけだが、日本海軍は、質・量ともに大きく劣り、大敗を喫して、艦隊航空戦力が事実上壊滅した。

日本海軍は、マリアナ防衛のため、虎の子の陸上基地航空部隊、第一航空艦隊を全力投入し、なんとか喰い止めようとしたのだが、アメリカ海軍機動部隊艦載機の波状攻撃により、マリアナ沖海戦の前に、すでにその大半の戦力を喪失してしまっていた。

航空機による上空カバーが失われた地上軍ほど、モロいものはない。つぎつぎと上陸し来たるアメリカ軍のまえに、サイパン、テニアン、グアムの主要三島は、八月一一日までにすべて占領され、絶対国防圏の一角は、あっけなく崩壊したのである。

これら三島の飛行場には、精鋭と謳われた、一航艦部隊の航空機が多数展開していたため、占領したアメリカ軍は、損傷機を含めて多数を鹵獲、その中には、信じられないような、無傷の新型零戦五二型までが含まれていたのである。

▲アメリカ軍が占領した後の、サイパン島第一飛行場を俯瞰した写真。中央のエプロン上に、零戦群がひと塊に集められている。

▲サイパン島第一飛行場周辺でアメリカ軍に鹵獲され、格納庫内に収納された零戦五二型群。各機とも、ほとんど無傷であった。

▶上写真と同じ格納庫に収められた、もと第九三一航空隊所属の九七式艦攻一二型。電探（レーダー）を搭載し、マリアナ諸島周辺の哨戒任務に従事していた機体だった。主翼を折りたたんでいる。

◀こちらは、飛行場周囲の掩体で鹵獲直後の零戦五二型。カウリングが外れている他は、大きな損傷がないように見えるが、胴体後部が爆風により歪んでしまっており、もはや飛行不能である。

サイパン島の零戦大鹵獲作戦

一九四四年六月一五日、サイパン島に上陸したアメリカ軍は、四日後の一九日、島の南部にある第一飛行場を占領した。すると、おどろいたことに、周囲の掩体地区には、ほとんど無傷のように見える零戦が、二〇機以上も置き去りにされているのを発見したのである。

第4海兵隊とともに、前日に上陸してきたTAIU（航空技術情報隊）の隊員たちは、ただちに、これら零戦の鹵獲作業に着手した。

同隊員は、飛行場に放置してあった、日本海軍のトラック一台を押収、三名一組になって、放置してある零戦のところまで行き、尾部を持ち上げてトラックの後部にくくり付け、そのまま牽引して、コンクリート敷きのエプロン地区まで運んできた。

この時点で、飛行場を奪回しようとする、日本軍守備隊との間で激しい戦闘が続いており、TAIUの隊員は、砲弾が飛び交うなかを、命がけで作業したのだ。

結局、初日だけで一〇機の零戦、および一機の九七式艦攻を鹵獲することに成功した。六月二一日にはさらに八機、翌日には六機の零戦が鹵獲され、合計二五機にも達した。

日本軍守備隊は、これらの鹵獲機を破壊しようと、二度にわたって攻撃を仕掛けてきたが、アメリカ軍に撃退されて失敗した。

これらの鹵獲機のうち、程度良好な零戦数機と、九七式艦攻は、日本軍の破壊工作から少しでも守るために、アメリカ軍の砲爆撃で骨組みだけになった格納庫に引き入れられ、シートを被せて厳重に保護した。

ＴＡＩＵが喜んだのは、これら鹵獲零戦の大半が、新型の五二型だったことで、何よりの〝宝物〟といえた。

▲第一飛行場の、格納庫前のエプロンに集められた零戦群を、滑走路側から望見したショット、画面左端の大破機を含め、一五機が確認できる。

▲鹵獲零戦の中では、最も程度良好な１機だった、もと第二六一航空隊（“虎”部隊）の中島製五二型“61-131”号機。損傷らしき部分はなく、操縦室内の射撃照準器、無線機操作ボックスまで、破壊されずに付いていた。

▼五二型に混じって鹵獲された、唯一の二一型（中島製）“61-197”号機。アメリカ兵士が操縦室を覗き込んでいる。主翼端の折りたたみ具合に注目。

零戦五二型 製造番号 三菱第4523 元第二六一海軍航空隊
昭和19年６月 マリアナ諸島/サイパン島

サイパン島でアメリカ軍に鹵獲され、本国に運ばれた計14機の零戦のうち、唯一の三菱製五二型。上面暗緑色、下面灰色、スピナーはこげ茶色、胴体日の丸の白フチは、暗緑色にて塗り潰し。尾翼の部隊符号/機番号は黄。

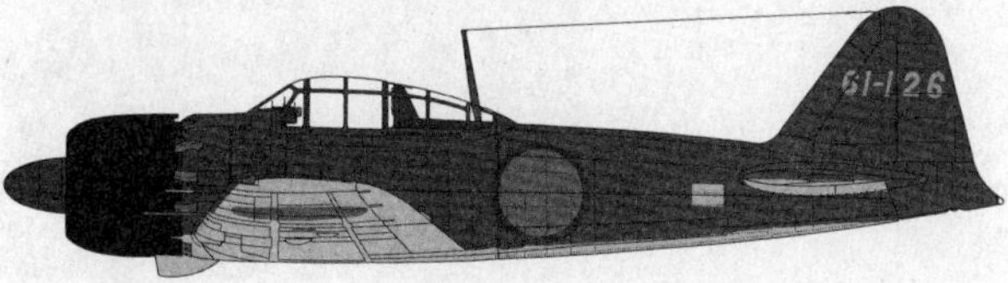

▲〔このページ3枚〕サイパン島の第一飛行場にて、上陸してきたアメリカ軍、およびTAIUにより鹵獲された、尾翼に“8”の部隊符号を記した零戦五二型。アメリカ軍が上陸してきた当時、同飛行場には二六一空とともに、この“8”の部隊符号をもつ零戦が、一定数配備されていたのだが、現在に至るも、その“8”がいずれの部隊を示すのか判然としない。というのも、当時の海軍陸上基地航空隊（実戦用の特設航空隊）は、部隊名称の3桁、もしくは下2桁、場合によっては、配下の飛行隊番号の1～3桁を記入するのを標準としており、マリアナ諸島に展開した、一航艦隷下の零戦隊には、“8”を有する部隊は存在しなかった。一説には、二六一空内に編成された爆・戦隊、もしくは、サイパン島に所在した、野戦航空工廠のプール機材ともいわれているが、確証はない。いずれにせよ、機番号の上方に併記された、搭乗員の頭文字といい、同下方の横帯といい、興味をそそるマーキング・スタイルである。

▲損傷の程度を吟味し、アメリカ本国に搬送するものと、スクラップ処分のものを振り分け、前者に選ばれた機体をエプロン上に並べたのが、上写真。雨除けカバーを被せて保護され、手前には同時に鹵獲した、『栄』発動機6基にもカバーが被せてある。

▼飛行場の南方約6kmに位置する、船積み地の海岸までは、トレーラーで移動することになったが、写真は、そのトレーラーに載せるべく、クレーンで吊り下げられた、零戦五二型〝8-03〟号機。

零戦五二型 元の所属部隊不詳
昭和19年6月 マリアナ諸島/サイパン島

多くの二六一空機とともに、サイパン島でアメリカ軍に鹵獲された1機だが、損傷が激しく、スクラップ処分となった。上面暗緑色、下面灰色、スピナーは暗緑色、またはこげ茶色、胴体、主翼上面日の丸白フチは暗緑色にて塗り潰し。胴体帯は白、尾翼の固有機記号“亀”と部隊符号/機番号、帯はいずれも黄。

▶海岸までトレーラーで運ばれたのち、ハシケに移載するため、いったん砂浜に降ろされた、サイパン島の鹵獲零戦五二型〝8-36〟号機。周囲には、敵国機をひと目見ようと、多勢の兵士が集まっている。

▼ハシケに移載されるまでの間、砂浜に待機する鹵獲零戦五二型。手前は、P.69に掲載した、もと二六一空の“61-131”号機、向こう側は、P.71に掲載した“8-03”号機。画面右下の主翼下では、MPが油断なく見張りしている。

◀▼サイパン島で、多数の零戦とともに鹵獲された、もと第九三一航空隊所属の九七式艦攻一二型〝KEB-306〟号機。左写真は、格納庫から引き出され、主翼を展張したところ、下写真は輸送用トレーラーに載せられたところである。

九七式艦攻一二型　元第九三一海軍航空隊
昭和19年６月　マリアナ諸島/サイパン島

多数の零戦とともに、サイパン島にてアメリカ軍に鹵獲された機体。H-6電・探（レーダー）を搭載した、洋上哨戒機仕様である。上面暗緑色、下面灰色、スピナー、プロペラはこげ茶色、各日の丸は全て白フチ付き、尾翼の部隊符号/機番号は黄で、これに交差する斜帯は赤（電・探装備機を示す）。

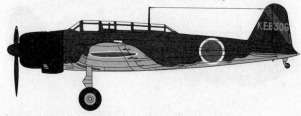

▲サイパン島/第一飛行場の草地に放置されたまま、アメリカ軍に鹵獲された、一式陸攻一一型。後方の機体は、尾翼記号“Z2-901”であり、第七五一航空隊にて輸送機として使われていたことを示す。2機とも、砲爆撃による損傷が激しい。

▼マリアナ諸島方面に展開した、一航艦隷下部隊の中で、唯一の夜間戦闘機隊だった、第三二一航空隊の『月光』一一型“21-29”号機が、テニアン島飛行場周囲の荒地に不時着して放置され、上陸してきたアメリカ軍に鹵獲された際のショット。機体は大破状態だ。

夜戦『月光』一一型 元第三二一海軍航空隊
昭和19年7月 マリアナ諸島/テニアン島
全面暗緑色、ただし発動機カウリングはツヤ消し黒、スピナー、プロペラはこげ茶色、各日の丸は白フチなし、尾翼の部隊符号/機番号は黄。

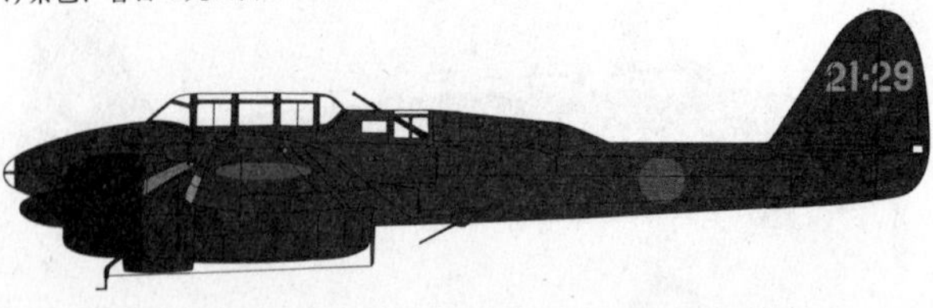

▲テニアン島飛行場の、土盛りをしただけの掩体内に、大破した状態のまま放置され、アメリカ軍に接収された、もと第五二三航空隊所属の、艦爆『彗星』一一型“鷹-29”号機。プロペラの曲がった状況からして、不時着した機体を回収したようだ。一航艦隷下部隊は、正式部隊名の他に、動物、気象などに因んだ通称名を付与されており、尾翼の部隊符号にもこれを使った。

◀アメリカ軍の砲爆撃により、骨組みだけになったテニアン島飛行場の格納庫内で、上陸してきたアメリカ軍に鹵獲された、もと第一二一航空隊所属の、艦偵『彩雲』一一型〝21-103〟号機。右奥の機体も含め、破損がいちじるしい。

艦爆『彗星』一一型 元第五二三海軍航空隊
昭和19年７月 マリアナ諸島/テニアン島

上面暗緑色、下面灰色、スピナー、プロペラはこげ茶色、主翼下面日の丸のみ細い白フチ付き、尾翼の部隊符号/機番号は黄。

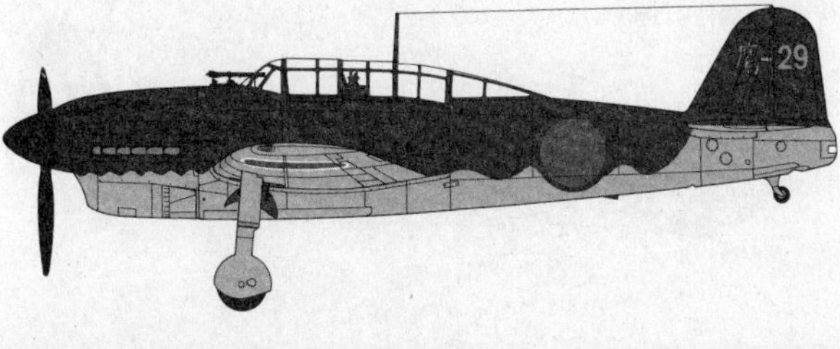

▼グアム島飛行場周囲と思われる荒地に、胴体着陸したまま放置され、アメリカ軍に鹵獲された、もと第五二一航空隊所属の陸爆『銀河』一一型“21-401”号機。五二一空は、銀河を装備した最初の部隊として知られ、昭和19年４月以降、マリアナ方面に進出したが、約３ヵ月の戦闘で壊滅し、７月10日に解隊されてしまった。

▲激しい砲爆撃で、ヤシの木が半減してしまった、グアム島飛行場周囲の掩体地区にて、上陸してきたアメリカ軍に鹵獲された、もと第三二一航空隊所属の九九式艦爆二二型“321-226”号機。三二一空は、前掲の『月光』を装備した夜戦隊であり、この九九式艦爆は、訓練用に保有していたもの。右主翼端が折れ曲がっているほかは、大きな損傷はないようだ。

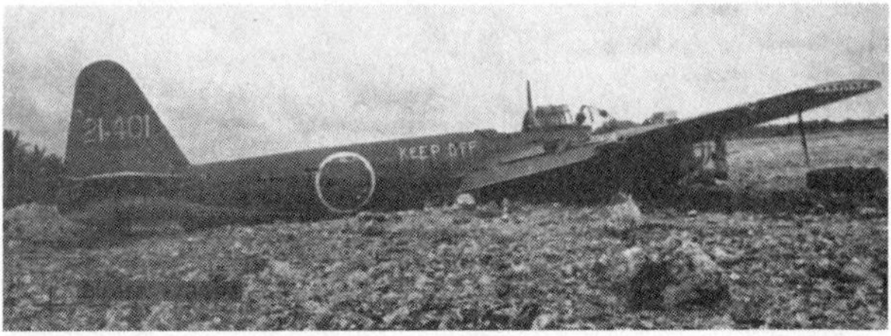

陸爆『銀河』一一型 元五二一海軍航空隊
昭和19年７月 マリアナ諸島/グアム島

上面暗緑色、下面無塗装ジュラルミン地肌、スピナー、プロペラはこげ茶色、尾翼の部隊符号/機番号は黄。

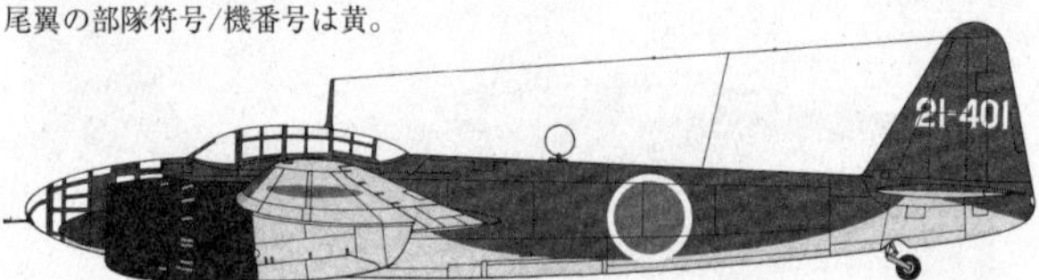

第五章　黄昏の比島

最後の決戦場、比島

絶対国防圏と想定した一角、マリアナ諸島が簡単に崩壊し、もはや日本にとって、戦争勝利の可能性はほとんど無くなったにもかかわらず、大本営は、アメリカ軍の次期上陸作戦に備え、捷号作戦を策定し、最後の決戦を挑むことにした。

そして、昭和一九年一〇月一七日、アメリカ軍が比島（フィリピン）のレイテ島に上陸を開始すると、翌日夕刻、『捷一号作戦』を発動し、陸海軍の全兵力を比島に集中して、これを迎え撃とうとした。

しかし、最も重要であるべき航空戦力が、投入予定の三分の二程度しか集中できず、アメリカ側の圧倒的兵力のまえに急速に消耗。一〇日後の一〇月末には、陸海軍あわせた可動機数が二五〇機と、当初の四分の一にまで低下してしまった。

海軍連合艦隊が、乾坤一擲のなぐり込みをかけた作戦も、アメリカ海軍機動部隊艦載機、戦艦部隊の邀撃により挫折、大損害を喫して、事実上その戦力的価値を喪失した。

もはや、尋常な手段でアメリカ海軍艦船群に対し、有効な打撃を与えることが不可能と悟った日本海軍は、神風特攻機による体当たり自爆攻撃という、戦史上かつて類をみない非常手段を採用、一〇月二五日から出撃開始した。

陸軍飛行部隊も、少し遅れて一一月七日から特攻機の出撃を開始、ここに日本陸海軍の対水上艦船攻撃は、体当たり自爆攻撃に集中される事態となった。

だが、日本陸海軍の必死の邀撃も、圧倒的兵力を誇るアメリカ軍のまえには抗すべくもなく、昭和二〇年一月、比島決戦は日本側の惨敗をもって事実上、終焉した。そして、制圧された比島各地の飛行場では、おびただしい数の日本陸海軍機が鹵獲された。

▲制圧した、ルソン島のクラーク飛行場に遺棄された、日本海軍零戦の傍に立つ、アメリカ軍上陸部隊の最高司令官、ダグラス・マッカーサー大将（左の人物）。比島決戦の結末を、象徴的に示す写真である。

比島（フィリピン）陸海軍主要飛行場配置

▼比島/ミンダナオ島のダバオ基地に放置されたまま、進攻してきたアメリカ軍に鹵獲された、もと第二六五航空隊の零戦五二型“雷-153”号機。プロペラは取り外され、カウリングが脱落しかけている。尾翼の部隊符号からして、二六五空も一航艦隷下部隊としてマリアナ方面で戦い、壊滅して、19年7月10日付けで解隊したが、写真の機体はダバオに後退していた1機。

▲ニューギニア島西端のソロン、もしくはバボ飛行場と思われる一週で、進攻してきたアメリカ軍に鹵獲された、もと第一五三航空隊戦闘第三一一飛行隊所属の零戦二一型“153-02”号機。胴体日の丸が白く塗り潰されている。三一一飛行隊の零戦は、比島決戦には関わりがなかったが、その直前に、ミンダナオ島、セレベス島、ハルマヘラ島など、周辺を活動していたので、本写真も比島の項に含めた。

零戦二一型（中島製）元第一五三海軍航空隊戦闘第三一一飛行隊
昭和19年春　ニューギニア島西部

上面暗緑色、下面灰色、スピナー、プロペラはこげ茶色、主翼上面、胴体の日の丸白フチは、暗緑色にて塗り潰し。尾翼の部隊符号/機番号は黄。

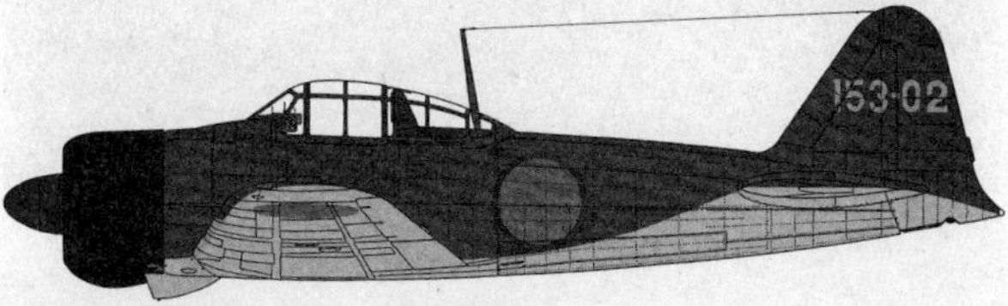

◀▼比島に対するアメリカ軍上陸作戦の、最初の目標となった、レイテ島周辺の浅瀬に撃墜され、アメリカ軍兵士の臨検をうける、零戦五二型。下写真の尾翼に“○○2-14”の記号が見えるが、所属部隊の確認は困難。左写真の遠方では、原住民が戦争などどこ吹く風と漁をしており、そのギャップが面白い。本写真は、1944年11月29日の撮影。

▼こちらは、比島とボルネオ島の中間に位置する、パラワン島の浅瀬に擱座した、零式水偵一一型。すでに、比島決戦の頃には、これら水上機の昼間行動はほとんど困難になっており、写真の機も、夜間偵察に従事していたものであろう。

▲〔上２枚〕アメリカ軍が上陸して来た、レイテ島の東岸と正反対の、西岸オルモック湾で、ヤシの木の枝などを使って、厳重に対空偽装されたまま、鹵獲された水偵『瑞雲』一一型。発見したアメリカ兵たちも、見たこともない日本のフロート付き水上機を、物珍しそうに観察している。比島決戦に際しては、瑞雲隊として、第六三四航空隊が派遣されており、写真の機体も同隊所属機であろう。瑞雲は、水偵とはいっても、事実上は水上爆撃機であり、レイテ島攻防戦中も、夜間爆撃に従事した。写真は、1944年12月７日の撮影。

▲〔上２枚〕比島/ミンダナオ島の西端、スル海に細長く突き出た半島の、突端に位置した、ザンボアンガ飛行場にて、進攻してきたアメリカ軍に鹵獲された、零式輸送機二二型。すでに、アメリカ軍国籍標識が描き込まれ、もとの所属部隊を知る部隊符号/機番号も消されてしまっており、確認の術がない。本機は、よく知られるように、アメリカの民間旅客機ダグラスDC-3を国産化し、輸送機に転用したもので、鹵獲、調査したTAIU隊員たちも、複雑な心境だったかもしれぬ。写真は、1945年５月の撮影。

▲〔上２枚〕比島決戦のさなか、連合軍の航空基地があるモロタイ島に来襲し、迎撃機との空中戦、もしくは対空砲火により被弾するなどして不時着、オーストラリア空軍に鹵獲された、零戦五二丙型、製造番号三菱第5622号機。当時、五二丙型は零戦の最新型で、19年10月から生産に入ったばかり。写真の機体は、もと第二二一航空隊の所属機といわれ、10月24日以降モロタイ島に対して、奇襲銃撃を行なったものと思われる。下段写真の右奥は、オーストラリア空軍のスピットファイア Mk. VIII。

零戦五二丙型 製造番号 三菱第5622 元第二二一海軍航空隊
昭和19年11月 モロタイ島

モロタイ島攻撃に飛来し、不時着してオーストラリア軍に鹵獲された後の状態。塗装はすべて落とされてジュラルミン地肌になり、機首上面に反射除けの黒塗装、排気管部の耐熱版も黒に塗られている。スピナー基部の暗色は、オリジナルのこげ茶色か？　左主翼上面、右主翼下面、胴体両側に、オーストラリア空軍国籍標識に矩形を追加した、特別マーク（紺と白）を記入している。胴体後部左側の製造番号欄のみ、オリジナルのまま残してある。

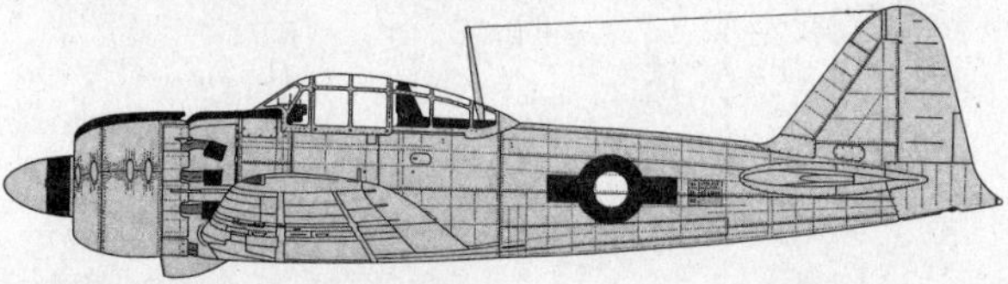

クラークの海鷲、陸鷲

比島決戦に際し、日本陸海軍航空部隊の、中心的配備先となったのがルソン島であった。とりわけ、一定のエリアに、いくつもの飛行場が連なり、集中的に使われたのがクラーク地区である。

陸軍管轄のクラーク北、中、南の三つの飛行場と、すぐ北側に隣あって海軍管轄のマバラカット東、西飛行場があり、さらに、クラーク南と鉄道線路を隔ててマルコット、そこから南に約五キロメートル離れると、アンヘレスの東、西、南、北四つの陸軍飛行場があった。

昭和二〇年二月、クラーク地区がアメリカ軍に占領されたとき、各飛行場には、損傷機も含めると、おびただしい数の日本機が遺棄されており、進駐してきたTAIU隊員たちにより、徹底した調査、さらには、飛行可能機によるテストが行なわれた。

▲北、中、南のいずれかは断定しかねるが、誘導路が最も混み入っていた、北の可能性が高い、クラーク飛行場の一週に集められた、鹵獲日本機。陸軍機を中心に、画面内に計28機が確認できる。左列の下は『月光』、右列の下から２機目は一式陸攻二四型、右列の上方には、二式複戦と三式戦が３機ずつ並んでいる。これらのうち、少なくとも５機が飛行可能であり、TAIUの手でテストされた。

▲クラーク地区にて鹵獲された、もと第三四一航空隊戦闘第四〇一飛行隊所属の、零戦二一型“341H-81”号機。風防前方の小パネルが外されている以外、ほとんど無傷のようだ。三四一空は、本来、局戦『紫電』を装備する部隊だったが、生産遅延、故障多発、それに、損耗補充の容易さという背景もあって、比島決戦に際しては、定数の1/3程度が零戦で占められていた。

▲これも、クラーク地区にて、発動機整備中に鹵獲された、もと第二二一航空隊戦闘第三〇八飛行隊所属の、零戦五二乙型（三菱製）“221D-26”号機。前掲の、モロタイ島でオーストラリア空軍に鹵獲された五二丙型が、まっさきに配備されたことでもわかるように、二二一空は、比島決戦に臨んだ海軍戦闘機隊のなかで、戦力的に最も大きな期待をかけられた精鋭部隊だった。

零戦五二乙型　元第二二一海軍航空隊戦闘第三〇八飛行隊
昭和20年１月　フィリピン/クラーク

上面暗緑色、下面灰色、スピナー、プロペラはこげ茶色、各日の丸は白フチなし（主翼上面、胴体のそれは塗り潰し）。胴体上面に塗料の剥離多し。尾翼の文字類は白。なお、本機は三菱製であるが、尾部覆を中島製のものと交換したため、同部が変則的な塗り分けになっている。

◀▼首都マニラ近郊の、デウェイ・ボーレバードに設けられた、野戦用飛行場の片隅に繋止されたまま、進攻してきたアメリカ軍に鹵獲された。もと第三八一航空隊向けの補充機、局戦『雷電』二一型　製造番号3008、〝81−124〟号機。プロペラが外れているが、損傷はほとんどなく、のちに飛行可能状態に整備され、テストされることになる。

局戦『雷電』二一型 製造番号 三菱第3008 元第三八一海軍航空隊
昭和20年２月 フィリピン/デウェイ・ボーレバード
上面暗緑色、下面灰色、スピナーも暗緑色、尾翼の部隊符号/機番号は白。なお、アメリカ軍接収時点では、尾翼の文字は塗り潰されていた。

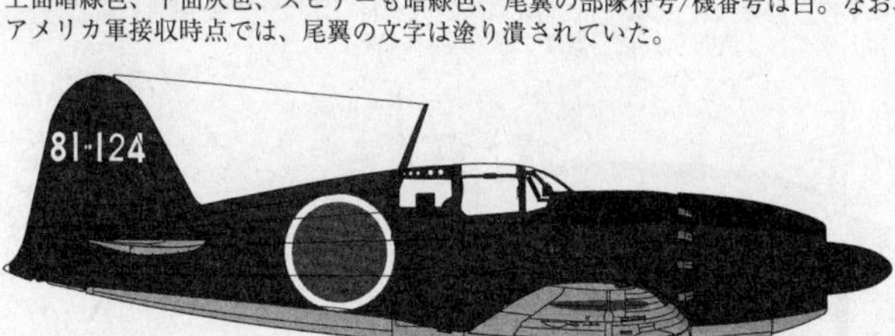

局戦『雷電』二一型 製造番号 三菱第3008 元第三八一海軍航空隊
昭和20年6月 フィリピン/クラーク
鹵獲後、航空技術情報隊・南西太平洋の管轄により、テストされた際の状態。塗装はすべて落とされ、機首上面に反射除け黒塗装のみを施している。スピナー前半は、国籍標識と同じ濃紺か？　国籍標識は規定どおり左主翼上面、右主翼下面、胴体左右に記入、方向舵にナショナル・カラー3色（濃紺、赤、白）のストライプ塗装あり、文字類はすべて黒。

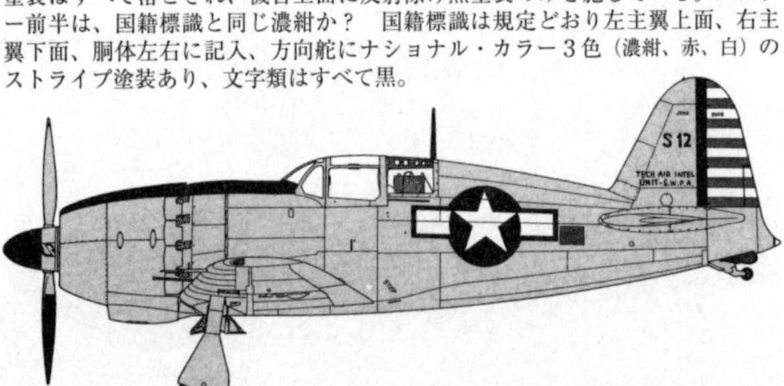

〔見開きページ４枚〕P.89に掲載した、マニラ近郊デウェイ・ボーレバードでの鹵獲機、もと第三八一航空隊向けの補充機、『雷電』二一型、製造番号3008、“81-124”号機は、きわめて程度良好だったことから、TAIU隊員の手により整備され、飛行可能状態に戻された。そして、この見開きページに掲載した写真のとおり、“S12”の登録番号を与えられて、入念なテストが行なわれた。その結果は、“JACK REPORT”（JACKは、連合軍側の雷電に対する通称名）と題してまとめられ、関係機関に配布されたのである。日本海軍内では、雷電の評価は芳しいものではなかったが、TAIUテスト・パイロットの評価は、意外なほど高く、自分がテストした機体の中では、ベストと言っていた。下写真は、イギリス海軍のシーファイア、アメリカ海軍のF6Fヘルキャットを従えた、編隊飛行。

▲▼クラーク地区にて、飛行場周囲の木陰に隠匿されたまま、進攻してきたアメリカ軍により接収された、局戦『紫電』一一甲型。上写真は、もと第二〇一航空隊、下写真は、同第三四一航空隊戦闘第四〇二飛行隊所属機。二〇一空は、本来は零戦隊であったが、比島決戦に際し、少数の紫電も配備された。紫電は、零戦の後継機がわりになる機体として海軍も大いに期待したが、比島での戦績はまったく振るわなかった。

局戦『紫電』一一甲型 元第二〇一海軍航空隊
昭和20年2月 フィリピン/クラーク

上面暗緑色、下面無塗装ジュラルミン地肌、スピナーは暗緑色、プロペラはこげ茶色、各日の丸は白フチ無し（胴体のそれは暗緑色にて塗り潰し）、尾翼の部隊符号/機番号は黄。

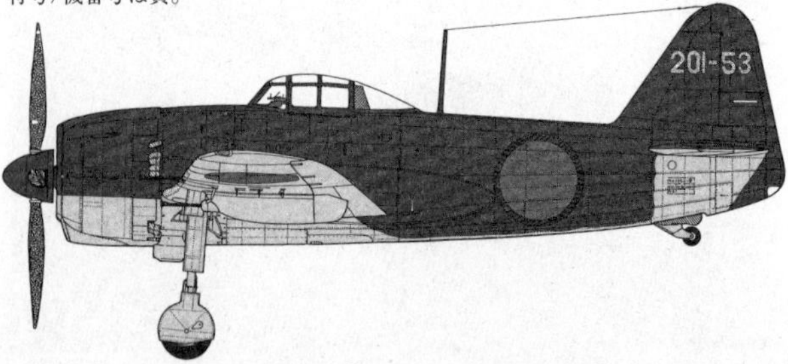

▲〔上２枚〕前ページ下写真の“341S-23”号機が、TAIU隊員の手により補修、整備され、飛行テストを行なえるコンディションになった際のショット。塗装はすべて落とされて、雷電“S12”号と同様の、アメリカ陸軍機に倣ったマーキングを施されている。もっとも、本機は『誉』発動機の不調によるものか、飛行テストは実施されなかったらしい。

局戦『紫電』一一甲型 元第三四一海軍航空隊戦闘第四〇二飛行隊
昭和20年６月 フィリピン/クラーク

クラークで鹵獲された、もと三四一空所属“341-S23”号機の、TAIU-S.W.P.A.における調査時の状態。塗装はすべて落とされ、全面ジュラルミン地肌、機首上面に反射除けの黒塗装、左主翼上面、右主翼下面、胴体左右にアメリカ軍国籍標識を記入。方向舵にナショナル・カラー（濃紺、赤、白）のストライプを記入している。文字類は黒。

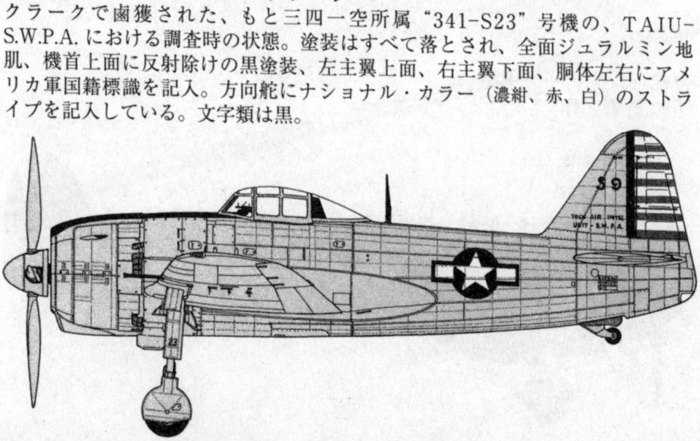

▲クラーク地区で鹵獲されたのち、TAIUの手で点検をうける、もと第一五三航空隊所属の夜戦『月光』一一甲型“53-85”号機。比島決戦に際しては、一五三空の月光は、本来の夜戦として使われることが少なく、洋上哨戒、夜間地上攻撃などに従事した。

▼アメリカ軍機の銃爆撃をうけ、機体にかなりの損傷を負った状態で鹵獲された。もと第七六二航空隊攻撃第七〇八飛行隊所属の、一式陸攻二四型“762K-15”号機。七〇八飛行隊は、昭和19年11月中旬～下旬にかけて、クラーク地区に進出し、比島決戦に参加したが、わずか10日間で戦力を消耗してしまった。

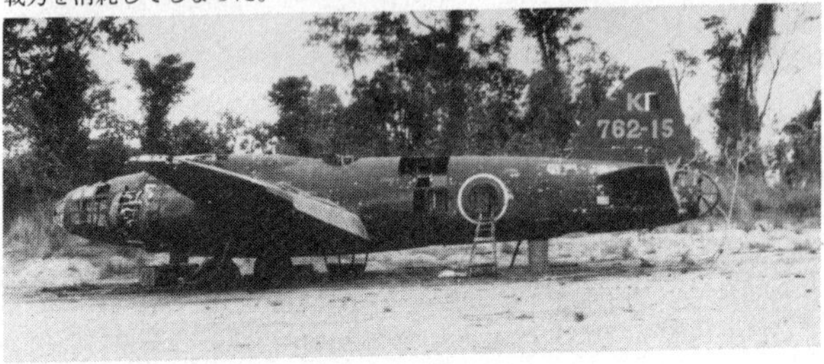

夜戦『月光』一一甲型 元第一五三海軍航空隊
昭和20年2月 フィリピン/クラーク
全面暗緑色、発動機カウリングは反射除けのツヤ消し黒塗装、スピナー、プロペラはこげ茶色、各日の丸は白フチなし、尾翼の部隊符号/機番号は黄。

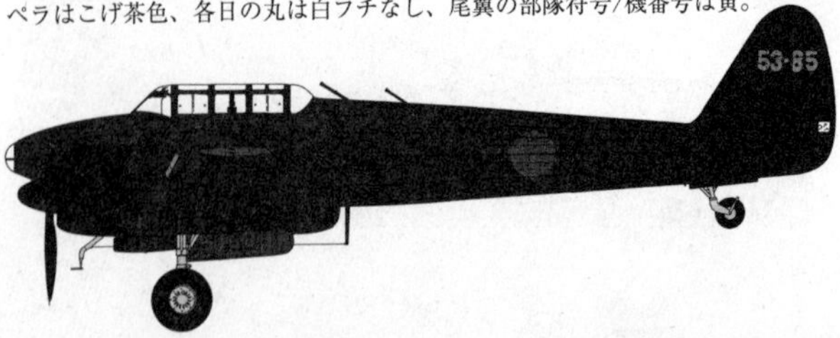

▲〔上２枚〕クラーク地区にて、きわめて良好なコンディションのまま、アメリカ軍に鹵獲された、もと第七六三航空隊所属の一式陸攻二四型、“763-12”号機。機首風防と、右主翼前縁に小破孔がみられるが、簡単に修理可能な損傷である。比島決戦当時、七六三空には陸爆『銀河』装備の、攻撃第四〇五、四〇六両飛行隊しかなかったはずだが、この一式陸攻は、損耗補充用機だったのかもしれぬ。

一式陸攻二四乙、または丙型 元第七六三海軍航空隊攻撃第七〇二飛行隊 昭和20年２月 フィリピン/クラーク

全面暗緑色、スピナー、プロペラはこげ茶色、主翼上面、胴体日の丸は白フチ付き、尾翼の部隊符号/機番号は黄。

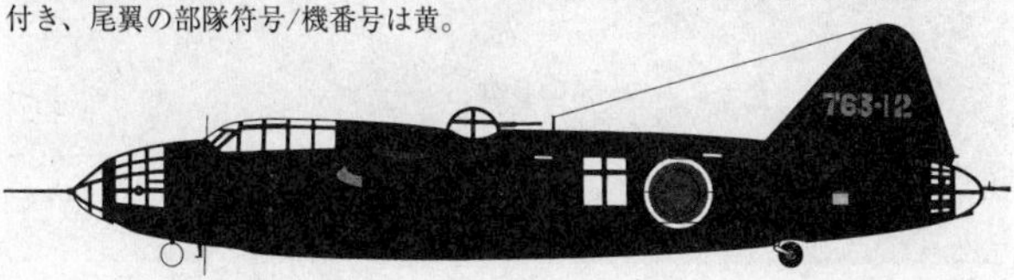

〔このページ３枚〕前ページに掲載した、もと第七六三航空隊所属の一式陸攻二四型“763-12”号機は、TAIUの手により飛行可能状態に修復され、本ページ写真のごとく詳細なる調査、テストをうけた。比島決戦の頃、すでに一式陸攻は、性能的に第一線機として旧式化しており、その活動も夜間が中心になっていた。写真の二四型は、３番目の主量産型だが、本型に至ってもなお、防弾対策はほとんど考慮されておらず、調査したTAIUの隊員も、さぞかし首をかしげたに違いない。“一式ライター”の汚名は、返上されていなかったのだ。

▲クラーク地区にて、プロペラを取り外された状態で、アメリカ軍に接収された、陸爆『彗星』三三型“57”号機。液冷『熱田』発動機の不調で、窮地に追い込まれた彗星一二型を、なんとか蘇生するべく、空冷の『金星』発動機に換装したのが三三型であった。三三型は、比島決戦が最初の実戦参加で、すでに空母への搭載は断念、陸上爆撃機に類別変更された。

▼上写真の機体と同一かどうか不明だが、鹵獲後、TAIUの手により飛行可能状態に修復された『彗星』三三型。登録記号は“S16”。比島決戦に際し、彗星は通常攻撃のほか、神風特攻機としても使われ、25機が出撃した。

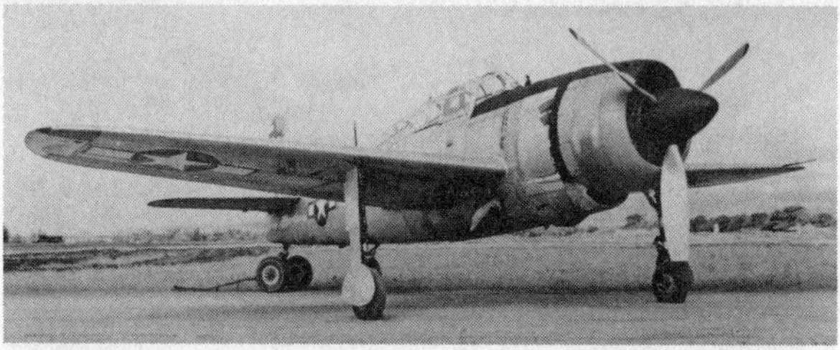

陸爆『彗星』三三型 元の所属部隊不詳 航空技術情報隊・南西太平洋
昭和20年6月 フィリピン/クラーク

全面無塗装ジュラルミン地肌、スピナーは濃紺色？　または赤、機首上面とカウルフラップ直後はツヤ消し黒、方向舵はナショナル・カラーリング、文字類は黒。

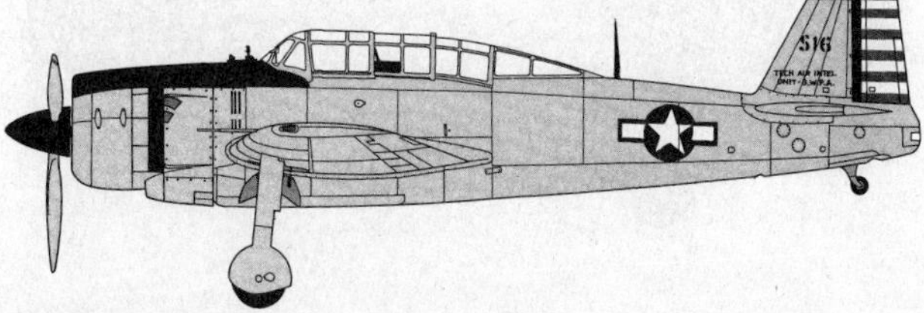

▶▼鹵獲後、TAIUの手で整備され、クラーク地区上空をテスト飛行する、艦攻『天山』一二型。鹵獲された天山は二〜三機あったようだが、いずれも損傷がひどく、このように飛行可能状態までもっていった、TAIUの技術力の高さがうかがい知れる。比島決戦には、第六五三、七六一空などの天山が参加したが、機数は多くなかった。

艦攻『天山』一二型 元の所属部隊不詳 航空技術情報隊・南西太平洋
昭和20年6月 フィリピン/クラーク

全面無塗装ジュラルミン地肌、スピナー前半は濃紺色？　または赤、機首上面はツヤ消し黒、方向舵にナショナル・カラーリングあり、文字類は黒。

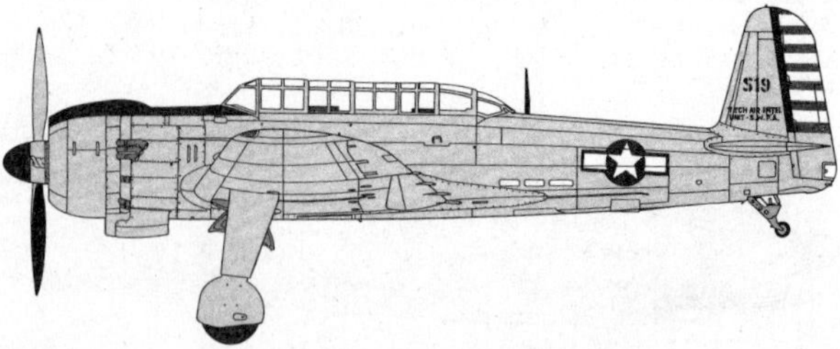

▲〔上２枚〕クラーク地区にて鹵獲され、TAIUの登録記号“S15”を付与されて、テストされた零式輸送機二二型。本機は、塗装はオリジナルのままにし、アメリカ軍国籍標識に描き直しただけである。P.84に掲載した、ミンダナオ島ザンボアンガでの鹵獲機とあわせ、TAIUは、比島にて２機の零式輸送機を入手したことになる。

零式輸送機二二型 元の所属部隊不詳 航空技術情報隊・南西太平洋
昭和20年６月 フィリピン/クラーク

塗装はオリジナルのままの上面暗緑色、下面無塗装ジュラルミン地肌、スピナー、プロペラはこげ茶色。アメリカ軍国籍標識は規定どおり４ヵ所に記入、尾翼の文字類は白。

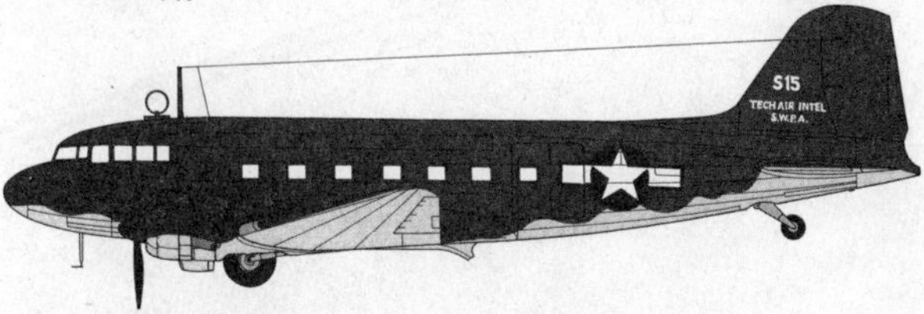

クラーク地区の陸鷲たち

クラーク地区飛行場概要図

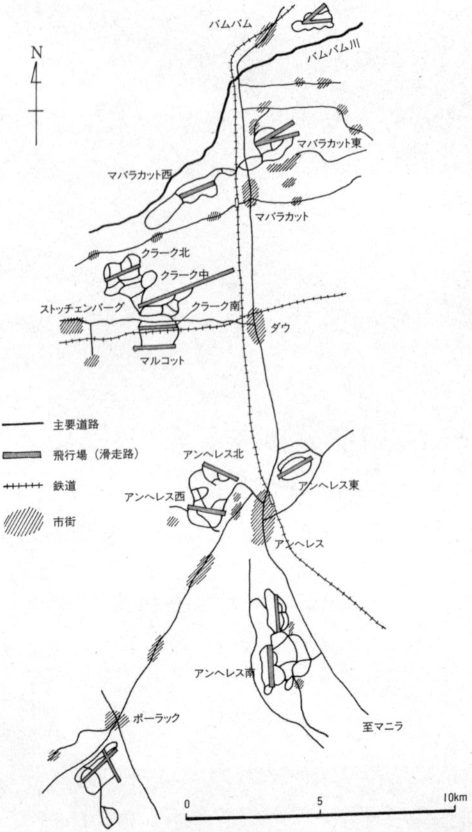

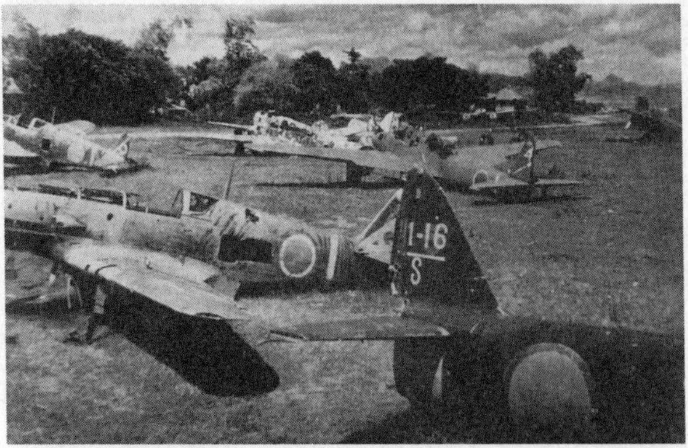

▲P.87上に掲載した写真の、画面上方左付近を写したショット。アメリカ軍が進駐してきた直後の様子で、破損機が散在したままになっている。左の２機は三式戦、中央は二式複戦、右手前は海軍の紫電“341S-16”号機。

▼これも、P.87上写真の上方を、別アングルから俯瞰したショットで、左右方向に通る誘導路をはさみ、手前に２機の四式戦と紫電、反対側に四式戦、天山、紫電、二式戦、一〇〇式司偵、三式戦が確認できる。

▼塗装の剥離がいちじるしいものの外傷はまったくなく、ほぼ完全な状態で鹵獲された二式戦二型丙、製造番号2143、“も”号。もとの所属部隊は判然としないが、二九戦隊への補充機かもしれない。左後方は二式複戦。

▲スピナーとカウリング側面パネルが外れている以外、これといった損傷もみられない状態で鹵獲された、一式戦二型後期生産機。比島決戦当時、すでに旧式化していた本機は、もはや戦闘機隊の主力機ではなかったが、飛行第一三、二〇、二四、三〇、三一、三三、二〇四の７個戦隊が参加して、苦闘を演じた。

二式戦二型丙『鍾馗』製造番号2143 元飛行第二九戦隊
昭和20年２月 フィリピン/クラーク

上面暗褐色、下面灰色、スピナー、プロペラはこげ茶色、胴体後半は、著しい塗料の剥離あり。方向舵の固有機記号“も”は黄。

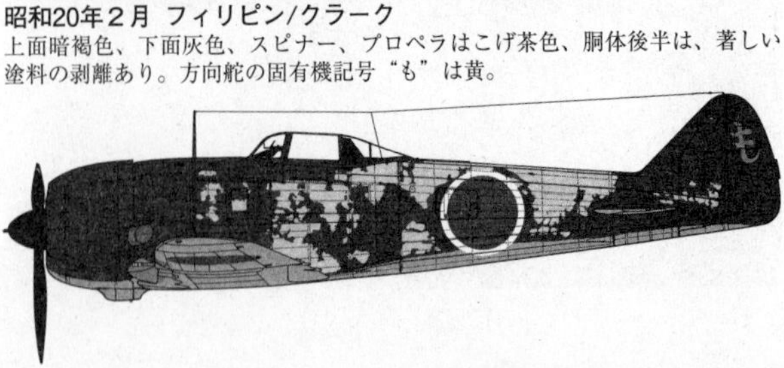

▲〔上２枚〕比島決戦の末期、本土防空任務から一転して、ルソン島のマニラ防空のために派遣され、クラークでアメリカ軍の手に落ちた、もと飛行第二四六戦隊所属の二式戦二型丙、製造番号2338号機。風防ガラスがすべて破れ、前掲の2143号よりは程度が悪い。二四六戦隊は、19年11月８日にクラーク中に到着、約１ヵ月半の戦闘で全機を消耗し、生き残り隊員は、12月下旬に内地へ引き揚げた。

二式戦二型丙『鍾馗』製造番号2338　元飛行第二四六戦隊第三中隊
昭和20年２月　フィリピン/クラーク

全面無塗装ジュラルミン地肌の上面に、暗緑色のマダラ状迷彩パターン。スピナーは第三中隊カラーの黄、機首上面は反射除けのツヤ消し黒、主翼上面、胴体日の丸は細い白フチ付き、胴体後部の帯は白。尾翼の戦隊マークは、赤円に黒の紋様。

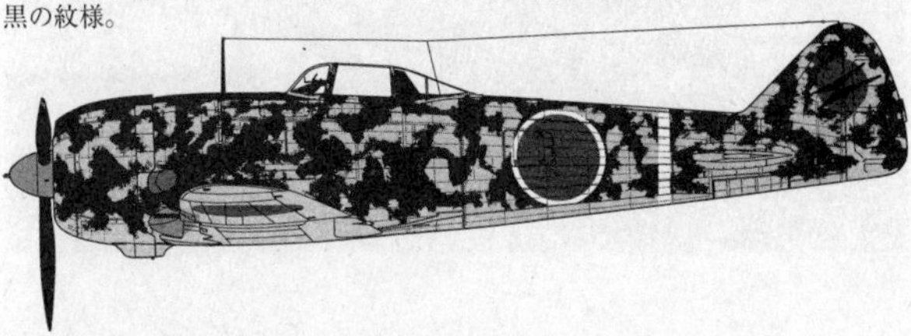

S 11

S 11

〔見開きページ５枚〕
TAIUの手で飛行可能状態に修復された、二式戦二型丙、製造番号2068。鹵獲時のコンディションからみて、P.102に掲載した2143号が、最も飛行可能に近いと思われたのだが、鹵獲時の写真が残っていない2068が最良だったようだ。これらの写真は、二式戦の設計を知るうえでも、きわめて貴重な資料で、とくに、前ページ上の操縦室側面乗降扉の内側、本ページ下の全体平面形などは、当時の日本側撮影写真では、まずうかがい知れないものである。

二式戦二型丙『鍾馗』製造番号2068 元の所属部隊不詳 航空技術情報隊・南西太平洋 昭和20年６月 フィリピン/クラーク

クラークにおける鹵獲機の１機で、状態が最も良く、テスト対象機になった。全面無塗装、プロペラ表面先端は赤、機首上面はツヤ消し黒、排気管周囲も暗色（黒？）。方向舵に、ナショナル・カラーリングあり、文字類は黒。

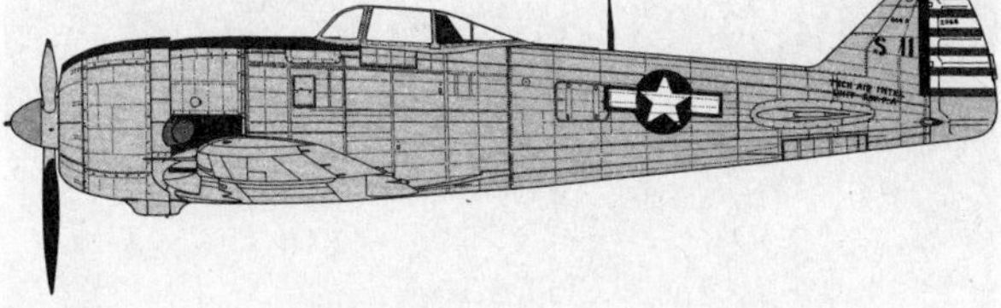

〔本ページ３枚〕クラーク地区で鹵獲された陸軍機のなかで、意外に数が多かったのが二式複戦。ほとんど無傷に近い機体だけで、少なくとも数機はあった。このページ３枚の写真は、そうした程度良好なうちの３機。上から甲、または乙型、丙型、丁型（夜戦型）。比島決戦に参加した二式複戦部隊は、飛行第二七、四五戦隊の２隊のみで、この両隊は、元来が軽爆/襲撃部隊であり、比島でも地上襲撃機として使われた。これら３枚の写真も、二七、四五いずれかの戦隊所属機とみて間違いないが、断定はしかねる。

◀▲鹵獲した、程度良好な数機の二式複戦のうち、TAIUの登録記号“S14”を付与された丙型、製造番号3303が、クラークにてテストをうけているシーン。このときの結果は、のちに“NICK REPORT”と題してまとめられ、各関係機関に配布されたが、TAIUによる本機の評価は、“双発複座戦闘機にしては速度が遅く、操縦性が良いという以外に、これといった特徴のない、平凡な機体”というものだった。

二式複戦丙型『屠龍』製造番号3303 元の所属部隊不詳 航空技術情報隊・南西太平洋 昭和20年6月 フィリピン/クラーク

全面無塗装ジュラルミン地肌、機首上面、左右発動機カウリング内側上部は、反射除けのツヤ消し黒、機首先端とスピナー前半は赤？　プロペラ表面先端も赤、または濃紺、アメリカ軍国籍標識は規定どおり4ヵ所に記入、方向舵はナショナル・カラーリング、文字類は黒。

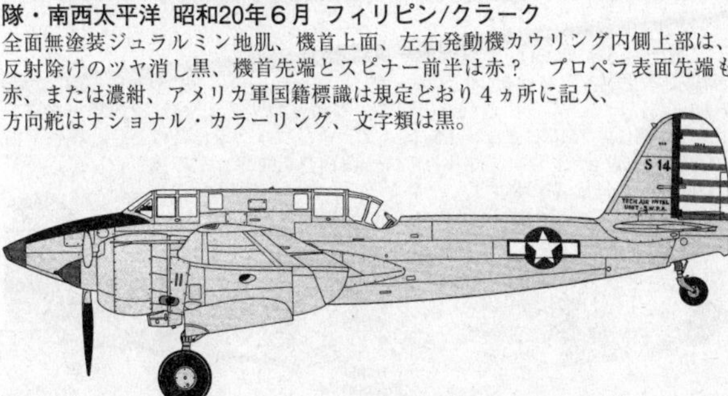

▲〔上２枚〕“慢性的”な発動機不調によるものか、外観上は、ほとんど損傷のない状態で置き去りにされ、クラークでアメリカ軍の手に落ちた、もと飛行第一九戦隊所属の三式戦一型丁。一九戦隊は、姉妹隊の一七戦隊とともに、第二二飛行団を構成した三式戦部隊で、すでに19年７月から比島に進出して、主にマニラ周辺の防空任務に従事した。しかし、強大なアメリカ航空戦力を相手に苦闘、10月末までに可動戦力をすべて失い、生存隊員は11月に入って内地に引き揚げた。その後、戦力再建して、20年１月には、１個中隊のみが再びクラークに進出してきたが、わずか数日のあいだに壊滅した。塗装状態からみて、上段写真の３機が最初の進出機、下段写真は、２回目の進出機と思われる。

三式戦一型丁『飛燕』元飛行第一九戦隊第二中隊
昭和20年２月　フィリピン/クラーク

全面無塗装ジュラルミン地肌の上面に、暗緑色のマダラ/蛇行状迷彩パターン(ただし、胴体前半部はほとんど剥離)、スピナー、プロペラはこげ茶色、機首上面は反射除けのツヤ消し黒、胴体日の丸のみ白フチ付き、その後方帯は白、尾翼の戦隊マークは第二中隊カラーの赤。

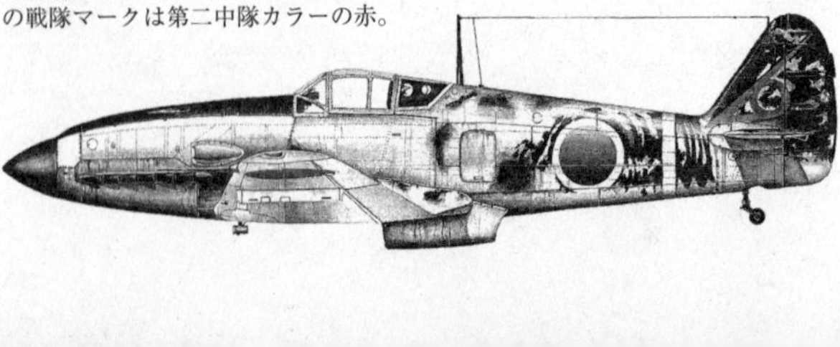

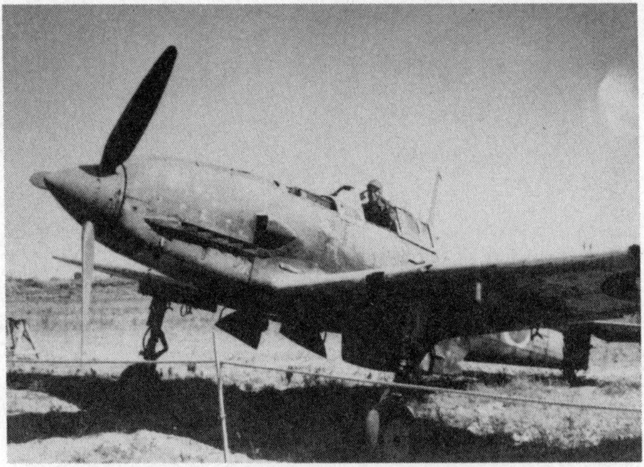

▲〔上２枚〕これも、クラークでアメリカ軍に鹵獲された三式戦一型丁。尾翼マークが確認できないので、いずれの所属部隊だったかは不詳。塗装は、後期仕様の上面暗緑色ベタ塗り迷彩である。比島決戦に参加した三式戦部隊は、前述の一七、一九戦隊のほかに、一八、五五戦隊があり、19年11月18日にアンヘレスに到着し、その後ネグロス島にも進出して、防空、進攻作戦などに従事したが、年末までには兵力を消耗し尽くし、20年に入って、生存隊員は内地に引き揚げた。

▼これも、クラークでアメリカ軍の手に落ちた、もと飛行第一戦隊第三中隊所属の四式戦甲型“81”号機。四式戦の不振は、発動機の不調による性能低下、パイロット技倆の低さ、戦術の不適切、そしてアメリカ航空戦力の圧倒的優勢など、ことごとく不利な要因が重なった末の結果であり、それは当然の帰結ともいえた。

▲P.102下写真の、二式戦二型丙の右後方に置かれていた、もと飛行第一一戦隊第二中隊所属の、四式戦甲型『疾風』、製造番号1446。このアングルからは見えないが、本機は左主翼前縁の燃料タンクが外されている。“大東亜決戦号”の称号を奉られ、全軍の期待を担って比島決戦に臨んだ四式戦だが、結果は予想外の惨敗だった。

四式戦甲型『疾風』製造番号1446 元飛行第一一戦隊第二中隊
航空技術情報隊・南西太平洋
昭和20年6月 フィリピン/クラーク
全面無塗装ジュラルミン地肌、機首上面は反射除けのツヤ消し黒、アメリカ軍国籍標識は、規定どおり4ヵ所に記入、方向舵はナショナル・カラーリング、文字類は黒。

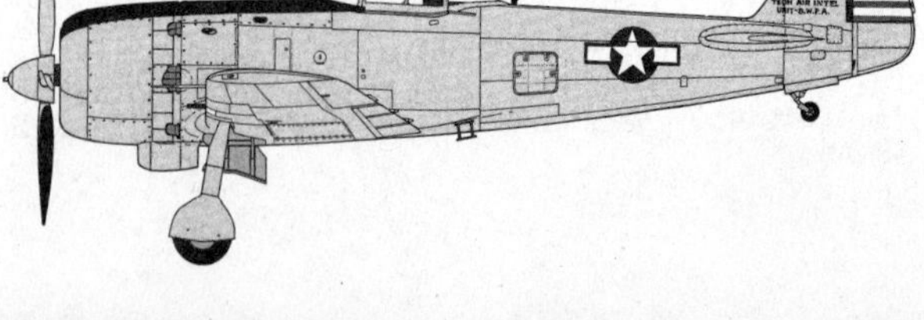

〔このページ３枚〕クラークにて鹵獲した四式戦のうち、程度良好な２機は、TAIUによって修理、整備され、飛行可能状態に仕上げられた、上写真は、登録番号“S10”、下２枚は“S17”を与えられた機体で、後者は、前ページ上写真の、製造番号1446である。のちに、本機はアメリカ本国に搬送され、さらに徹底した調査、テストをうけた。ハイ・オクタン燃料を使ったせいもあり、性能は日本陸軍の公式データをはるかに上まわり、アメリカ側から“大戦中の日本最優秀戦闘機”という、思いもかけぬ評価を得る。その後、本機は紆余曲折を経て日本に返還され、現在は、鹿児島県の知覧特攻平和会館に展示されているのは、承知のとおり。

▲〔上２枚〕ほとんど無傷のまま、アメリカ軍に接収された、もと飛行第二〇八戦隊所属の、九九式双軽爆撃機二型。元来が、中国大陸内での対地直協機として設計された本機にとって、太平洋戦域のアメリカ軍を相手にした戦いは荷が重すぎ、文字どおり苦闘に終始した。二〇八戦隊も、18年５月以降、ニューギニア島で戦って兵力を消耗、比島決戦にも参加したが、ほとんど有効な戦績をあげることなく終わった。

九九式双軽二型 元飛行第二〇八戦隊
昭和20年３月 フィリピン/クラーク

全面灰緑色地の上面に、暗緑色のマダラ状迷彩パターン、スピナー、プロペラはこげ茶色、胴体日の丸のみ白フチ付き、同帯、および尾翼の戦隊マークは白。

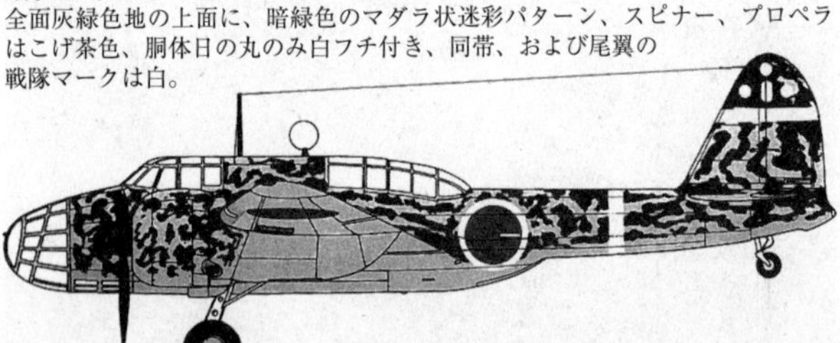

▼比島決戦末期の昭和19年11月19日、台湾の高雄飛行場を発進し、比島東方海上のアメリカ海軍機動部隊に対して魚雷攻撃を敢行したのち、ルソン島のマバラカット飛行場に帰着したが、油圧系統故障のため胴体着陸して大破、そのまま放棄され、進攻してきたアメリカ軍に接収された、もと飛行第七戦隊第三中隊所属の四式重爆一型『飛龍』“7-77”号機。

▲ルソン島ニールソン飛行場の一隅に設けられた、竹製の粗末な対空偽装用骨組みの下に置かれたまま、進攻してきたアメリカ軍に鹵獲された、もと第五一教育飛行師団司令部飛行班所属の、一〇〇式重爆二型乙『呑龍』、製造番号3567。風防ガラスは破れ、各部に小破孔がみられる。

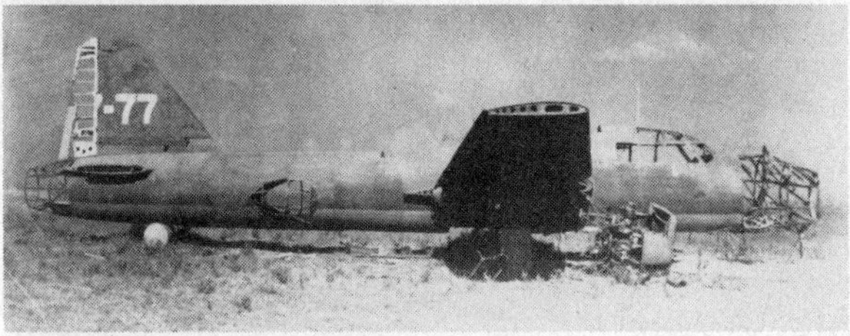

四式重爆一型『飛龍』元飛行第七戦隊第三中隊
昭和20年2月　フィリピン/マバラカット

上面暗褐色、下面灰色、各日の丸は白フチなし、スピナー、プロペラはこげ茶色、尾翼の海軍式部隊符号/機番号は白。なお、図は台湾から出撃した時点の、魚雷懸吊状態にしてあるが、むろん、アメリカ軍に接収された際は、大破状態だった。

▼日本敗戦後、連合軍側との戦後処理にあたる、使節団の輸送機として使われた、もと第一〇独立飛行団司令部飛行班所属の、一式双発高練丙型。写真は、南西太平洋戦域のモロタイ島に着陸したおりのもので、右主翼下にオーストラリア軍兵士が立って監視している。

▲クラークで鹵獲された陸軍機のなかでは、比較的に状態が良いほうだった、もと飛行第一五戦隊所属の一〇〇式司偵二型。プロペラ、カウリング・パネルが外れているが、機体そのものに大きな損傷はみえない。一五戦隊は、司偵隊として最後まで比島にとどまった。

一式双発高練丙型 元第一〇独立飛行団司令部飛行班
昭和20年８月 モロタイ島

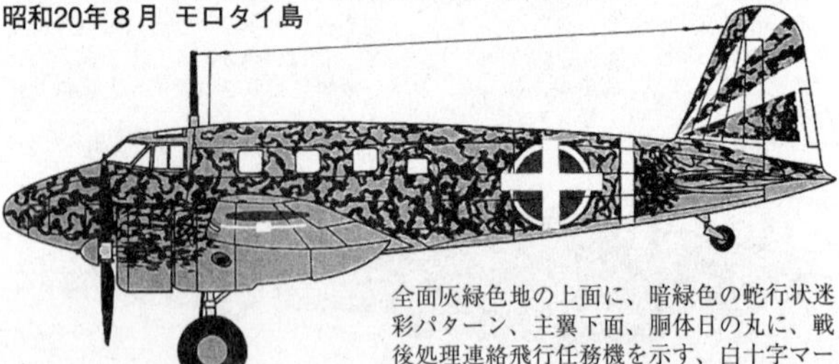

全面灰緑色地の上面に、暗緑色の蛇行状迷彩パターン、主翼下面、胴体日の丸に、戦後処理連絡飛行任務機を示す、白十字マークを描いている。尾翼の旧部隊マークは白。

第六章　大陸の空かなし

中国大陸に残された陸軍機

陸軍航空の、戦略的根幹を成す戦域と位置づけされていた中国大陸も、太平洋戦争では〝裏戦線〟の感を呈し、兵力配置の優先度は、太平洋正面に比べて低くおさえられた。

そのため、中国大陸を担当戦区とした第三飛行師団（一九年二月には第五航空軍に改編）は、つねに、中華民国／在支アメリカ陸軍航空軍第14航空軍に対して、兵力劣勢で戦わねばならなかったのである。

そして、昭和一九年一二月二九日、揚子江中流域の根拠基地、漢口飛行場が、敵戦爆連合編隊による大空襲をうけ、戦力の大半を失うと、もはや組織的な作戦を実施することは不可能となった。

昭和二〇年五月、来たるべき本土決戦に備えるため、第五航空軍の朝鮮への後退が決まり、大陸には第一三飛行師団に隷属する、二個戦闘機戦隊、三個偵察中隊、計六〇機というわずかな兵力が残るだけになった。

八月九日、ソビエトが突如として満州国に攻め入ってきたため、第一三飛行師団は北京方面に移動し、一五日早朝から敵地上軍への攻撃を開始したが、正午に敗戦が決まり、武装解除し、中華民国軍に機材、その他を引き渡した。

　中華民国空軍は、押収した一式戦、二式戦、三式戦、四式戦、九九式双軽爆など、一定数を制式装備機として登用、青天白日の国籍標識に変えて使用した。しかし、予備部品が限られたため、稼働率は高くなく、一九四〇年代末までには退役したようだ。

　なお、ソビエト軍に蹂躙された満州国内でも、練習機を中心とした陸軍機、各種八〇〇機以上が鹵獲され、そのうちの一定数が中国共産党軍に分配されたらしいが、その後、ほとんど情報が無く、実情は不明。

▲中国大陸戦線において、日本陸軍飛行部隊の重要な根拠基地となった、漢口飛行場（画面右上方が滑走路）。周辺に木の枝のように伸びた誘導路と、その先端の掩体がはっきり認められる。アメリカ陸軍第14航空軍機が、爆撃中に撮影した写真で、画面中央付近には、迎撃にあがった一式戦が上昇中である。

▲〔上２枚〕日本敗戦時点において、南京市の東方約90kmに所在した、泰県の秘匿飛行場に展開していた、飛行第四八戦隊の一式戦三型甲約50機は、なおしばらくの間、武装解除せずに、実戦態勢を維持した。上段写真は、20年９月８日の状況で、整然と列線を敷いている。画面右端に機首だけ見えているのは、二式高練。下段写真は、背後の格納庫からして、南京郊外の土山鎮飛行場に残されていた１機と思われる。四八戦隊は、九戦隊とともに、最後まで大陸に残った戦闘機隊であり、その保有機数からして、中心となる部隊でもあった。

一式戦三型甲『隼』元の所属部隊不詳　中華民国空軍
昭和21年　中国大陸/南京

全面オリーブドラブ（?）、垂直尾翼後方のみニュートラルグレイ（?）、中華民国空軍国籍標識“青天白日”は６ヵ所に記入、ただし、青い円は省略し、“白日”のみ白で記入している。

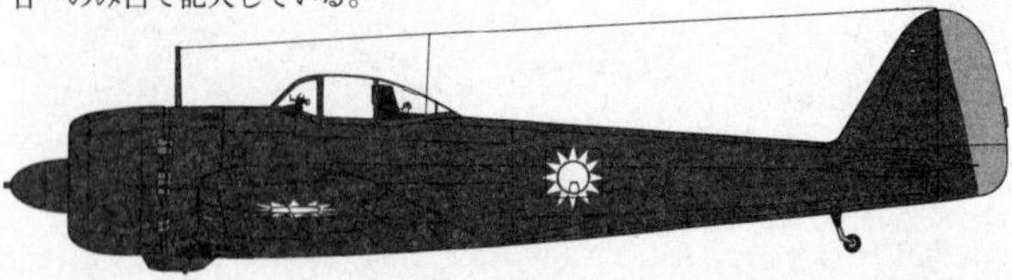

▲〔上２枚〕北京近郊の南苑飛行場にて敗戦を迎え、中華民国空軍に押収された日本陸軍機。上段写真の手前右から左へ、二式戦二型、三式戦一型、四式戦甲型、右奥はフォッカー・スーパーユニバーサル輸送機。下段写真は、もと飛行第九戦隊所属の二式戦二型。敗戦当時、中国大陸に残っていた陸軍戦闘機戦隊は、第九、四八戦隊の２隊のみで、前者は二式戦６機、四式戦６機、一式戦26機の混成、後者は一式戦36機という兵力だった。これらは、８月９日のソビエト軍満州侵攻をうけて、同軍地上部隊を攻撃するために、北京西、および南苑飛行場に集結していた。

二式戦二型甲『鍾馗』元の所属部隊不詳 中華民国空軍
昭和21年 中国大陸/北京・南苑

上面暗緑色、下面無塗装ジュラルミン地肌だが、胴体部分の暗緑色と、機首上面の反射除け黒塗装の大部分が、剥離してしまっている。スピナー、プロペラはオリジナルのこげ茶色、“青天白日”マークは６ヵ所に記入。

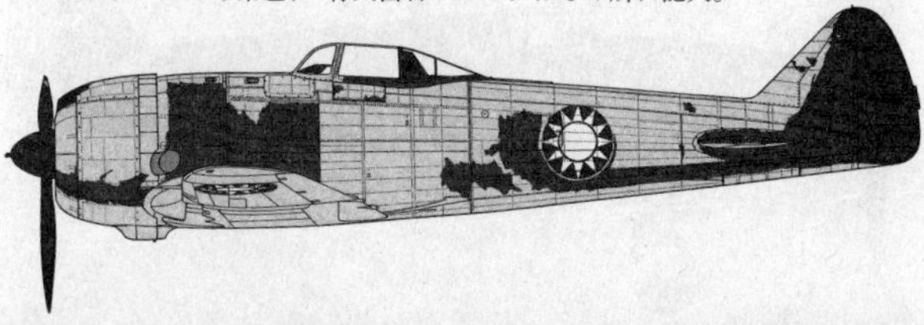

▲〔上２枚〕これも、北京郊外の南苑飛行場にて敗戦を迎え、中華民国空軍に徴庸された三式戦一型。青天白日の国籍標識もていねいに描き込まれ、制式兵器という印象をうける。当時、中国大陸には、三式戦を装備する戦闘機戦隊は展開していなかったが、一部の教育飛行隊所属機が、南苑にとどまっていたようだ。とかく、液冷発動機が不調がちで、整備員泣かせだった三式戦を、中華民国空軍はどのように扱ったのだろうか？

三式戦一型丁『飛燕』元の所属部隊不詳 中華民国空軍
昭和21年 中国大陸/北京・南苑

塗装は上面暗緑色、下面無塗装ジュラルミン地肌のオリジナルのままだが、方向舵のみ他機のものを流用したためか、暗緑色が剥離して銀色、もしくは灰緑色地が出ている。スピナー、プロペラはこげ茶色、“青天白日”は６ヵ所に記入。胴体後部帯は赤と思われる。

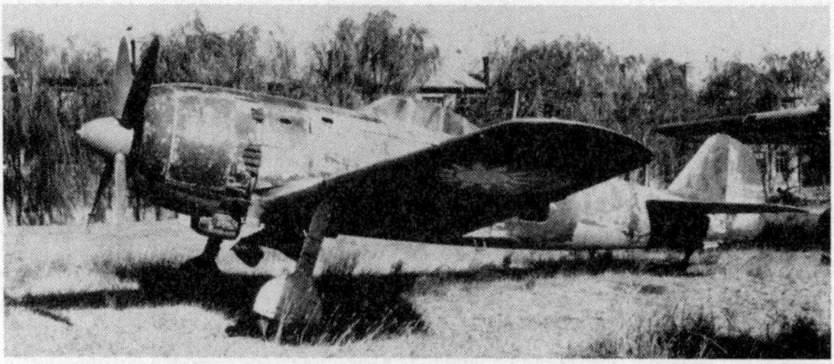

▼北京/南苑飛行場にて、中華民国空軍機として実働態勢に置かれた、九七式軽爆。すでに太平洋戦争勃発時点で旧式機となっていた本機だが、このあと、共産党軍との内戦に際しては、それなりに使い道はあったろう。これら、旧日本陸軍機は、予備部品にも限りがあり、1940年代末頃までには退役した。

▲P.119上写真の、いちばん奥に写っていた四式戦甲型『疾風』。本機も、飛行第九戦隊が保有していた、6機のうちの1機と思われる。中華民国空軍にとっても、四式戦は、それなりに装備価値の高い機体だったと思われるが、『ハ四五』発動機の不調もあり、実戦力になったかどうかは疑わしい。

四式戦甲型『疾風』元の所属部隊不詳 中華民国空軍
昭和21年 中国大陸/北京・南苑

上面暗緑色、下面灰色のオリジナル塗装だが、胴体は大部分が剥離してジュラルミン地肌が露出している。胴体の“青天白日”は青天が無く白日のみ、主翼下面のそれは、青天に比べ白日が小さめである。

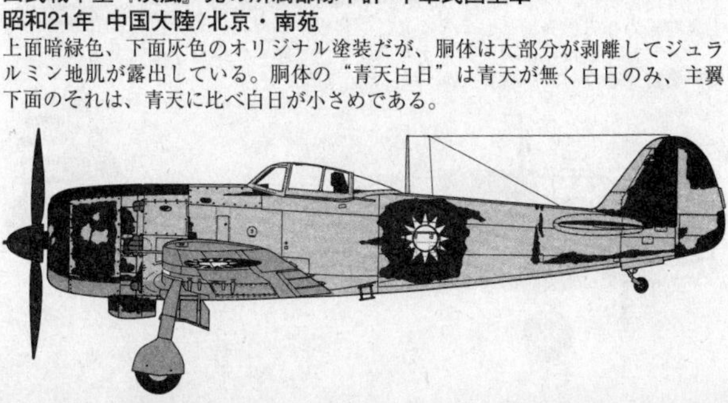

◀アメリカ軍兵士（画面左右端の二人）の指導のもと、押収した九九式双軽爆二型を点検する、中華民国空軍の搭乗員。南京にて。

▼敗戦後、中華民国/在中国アメリカ軍との降伏交渉を行なうため、今井武夫陸軍少将ら一行を乗せて、中国大陸湖南省の芷江飛行場に到着した、もと中華航空の徴庸機、MC-20-II 輸送機。降伏使節団の使用機を示すため、主翼の日の丸標識を、白四角地の国旗状に描き直している。1945年 8 月21日の撮影。

九九式双軽爆二型 製造番号？ 2820 元の所属部隊不詳 中華民国空軍
昭和21年 中国大陸

上面灰褐色（オリジナル？）、下面灰色、スピナー前半は赤、プロペラはこげ茶色、主翼前縁の味方機識別帯もそのまま、胴体後部帯は白。青天白日は 6 ヵ所に記入、方向舵に濃紺、白のナショナル・カラーリング、垂直安定板上部は修理跡で無塗装、その下の“2820”（製造番号？）は白。

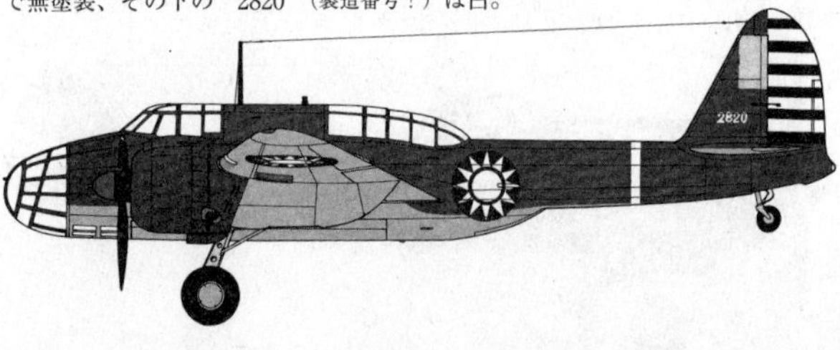

海鷲の巣・上海

日中戦争当時はともかく、太平洋戦争に入ってからは、海軍の航空作戦はほとんど南太平洋方面に集中し、中国大陸戦線は陸軍に任せきりの状況となっていた。

もっとも、上海、香港、海南島などには、昭和一八年以降、特設、および常設航空隊が配備され、主に海上護衛、訓練などに従事した。

昭和一九年六月、中国大陸奥地の成都から発進する、アメリカ陸軍航空軍B-29爆撃機による日本本土空襲が始まると、その往復コース近くに位置する、上海・龍華基地の第二五六航空隊には、迎撃用に局戦『雷電』が配備され、零戦とともに防空任務に就いた。

昭和二〇年八月一五日、日本が無条件降伏すると、龍華基地には中華民国／アメリカ軍が進駐して、所在の海軍機各種を押収・鹵獲した。

▲敗戦後の、昭和20年10月頃の撮影と思われる、上海・龍華基地の状況で、零戦、雷電がスクラップ処分されつつある。右手前の零戦は、尾翼の部隊符号“雷”が示すように、もと第二五六航空隊の所属機。その向こうは、もと中支航空隊の雷電三一、または三三型。

▼昭和20年９月～10月にかけて、敗戦処理のため、連合軍により特別に許可された、いわゆる“グリーン・クロス・フライト”に使われた、龍華基地の零戦二一型。垂直安定板に、消去されかかった“中”の部隊符号が確認でき、もと中支空所属だったことがわかる。胴体日の丸の上に、白四角地の緑十字を塗り重ね、グリーン・クロス・フライト任務機を示している。

▲これも、前ページ下写真と同じく、龍華基地にて敗戦を迎え、グリーン・クロス・フライトに使われた、もと中支空所属の零戦五二乙型“中−132”号機。中支空は、本来は航空機を持たない“乙航空隊”なのだが、上海という地理的背景もあって、19年12月に解隊した旧二五六空、および九五一空上海派遣隊の機材を編入し、例外的に“甲航空隊”の体裁を採っていた。開隊したのは、昭和20年２月である。

◀これも、龍華基地での、もと中支空所属零戦六二型〝中−157〟号機で、グリーン・クロス・フライト用機。アメリカ軍兵士が、勝ち誇ったようなポーズで、主翼上に立っている。

零戦五二乙型 元中支海軍航空隊 昭和20年夏 中国大陸/上海・龍華

上面暗緑色、下面灰色、各日の丸は白フチなし、スピナーも暗緑色と思われる。尾翼の部隊符号/機番号は黄。

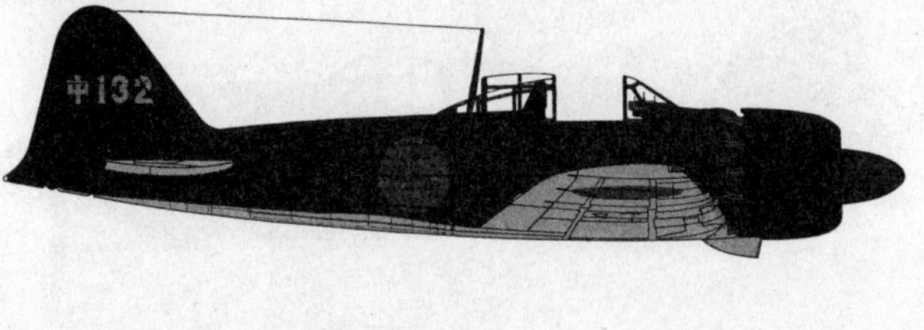

▶▼龍華基地の、カマボコ型格納庫内に収められたまま、敗戦を迎え、中華民国/アメリカ軍に接収された、もと中支空所属の局戦『雷電』三三型。上写真の左奥には、グリーン・クロス・フライトに使用する零戦五二乙型、下写真の、雷電の向かって右に零戦二一型、左に同五二型がそれぞれ写っている。

局戦『雷電』三三型 元中支海軍航空隊
昭和20年夏 中国大陸/上海・龍華

上面暗緑色、下面灰色、スピナーも暗緑色、主翼上面、胴体日の丸の白フチは、暗緑色にて塗り潰し、尾翼の部隊符号/機番号は黄。

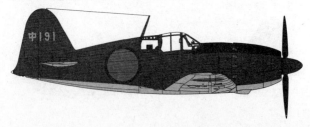

▲〔上2枚〕これも、龍華基地のコンクリート製カマボコ型格納庫前に駐機したまま、中華民国/アメリカ軍に鹵獲された、もと中支空所属の陸上哨戒機『東海』一一型“中901”号機。跳梁するアメリカ海軍潜水艦を、なんとか封じ込めようと、日本海軍が大きな期待をかけて開発した東海だが、その登場は遅きに失し、また数も少なく、目立った実績を残せないまま終わってしまった。中支空に配備された本機は、上海周辺海域の哨戒任務に就いていた。下写真の左奥にも、別の1機が見える。

陸上哨戒機『東海』一一型 元中支海軍航空隊
昭和20年10月 中国大陸/上海・龍華

上面暗緑色、下面灰色、スピナー、プロペラはこげ茶色、各日の丸は白フチなし。胴体日の丸直後の編隊飛行間隔目安印は白、尾翼の部隊符号/機番号は黄、これにかかる斜帯（電・探、および磁・探装備機を示す）は、赤フチ付きの黄。

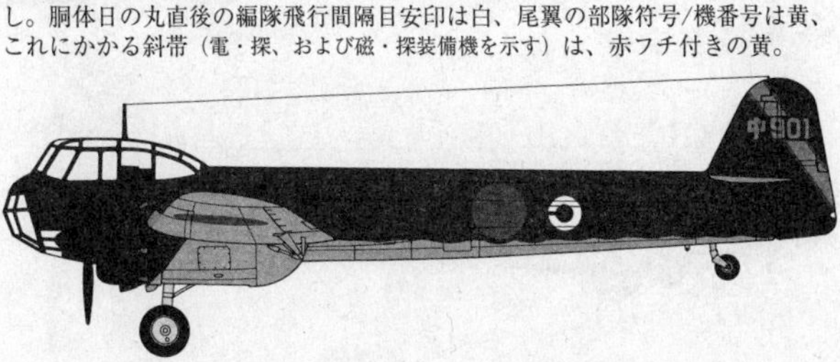

▼鹵獲された場所は判然としないが、おそらく龍華基地の可能性が高い、零式輸送機二二型。北京や南京で鹵獲された陸軍機は、中華民国空軍に“採用”され、青天白日マークを描き込んだ写真が残っているが、龍華での零戦、雷電、東海といった機体には、そうした写真が無いのはどうした訳だろう。海軍機は“不採用”だったのだろうか？　その意味において、この青天白日マークを描いた零式輸送機は、珍しい存在といえる。

▲零戦、雷電、東海などに混じって、龍華基地では、こんな旧式機までが鹵獲された。昭和5年制式採用の九〇式機上作業練習機である。やはり中支空の所属機で、方向舵の部隊符号“中”が塗り潰されているが、機番号“465”ははっきりと残っている。胴体の羽布張りが剥がされ、侘しさを募らせる。

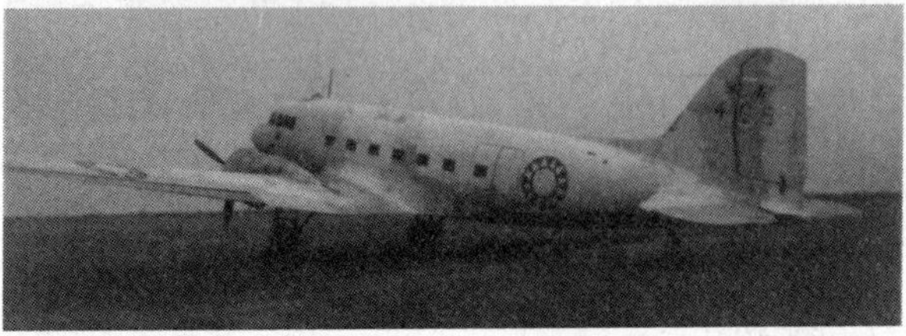

零式輸送機二二型 元の所属部隊不詳 中華民国空軍
昭和20年～21年 中国大陸

グリーン・クロス・フライト用に、上面全体を白色に塗ったが、部分的に褪色が目立ち、垂直尾翼は下地の暗緑色が濃く浮き出ている。下面はダークグレイのような色にリタッチされているようだ。青天白日マークは6ヵ所に記入、尾翼の機番号“405”は黒。

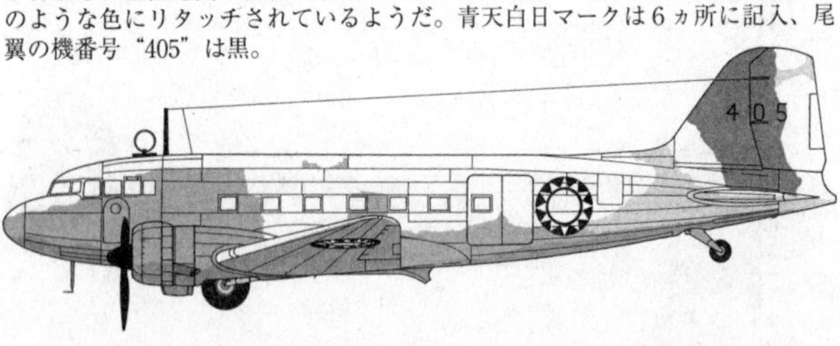

第七章

大東亜の夢はかなし

東南アジアで鹵獲された陸海軍機

アメリカ軍の攻略作戦対象から外れたこともあって、東南アジア戦域は、ビルマを除いて、ほぼ日本軍が支配したままの状況で戦争終結を迎えた。

当時、すでにこの方面の航空戦力は、陸、海軍ともに、本土防衛のため大部分が引き抜かれており、配備数は多くなかったが、それでも石油が豊富で、使用燃料に事欠かないため、陸、海軍の練習部隊が一定数配置されていた。

日本が降伏すると、マレー半島、シンガポールには、かつての統治国であったイギリス、仏印（現ベトナム、ラオス、カンボジア地域）にはやや遅れてフランス、蘭印（現インドネシア）には、オランダの軍隊が進駐してきて、それぞれの地区に残されていた旧日本陸、海軍機を押収・鹵獲した。

それらのうち、イギリス軍が鹵獲した数十機のうち、零戦、雷電、一式陸攻、紅葉などは、アメリカ軍のＴＡＩＵに相当する、ＡＴＡＩＵ-ＳＥＡ（東南アジア連合軍航空技術情報隊）の所管となり、相応の調査、テストをうけた。

また、一部の機は、他戦域と同様に、グリーン・クロス・フライト用機となり、一

○月頃まで飛行していた。

仏印でフランス軍が押収した機体のうち、海軍の零式水偵、零式輸送機、陸軍の一式戦、一式双発高練、一〇〇式司偵は、本国からの進駐部隊用機材の輸送が遅れたため、応急的に空軍機として登用され、とくに一式戦は、八機が調達されて、独立運動の鎮圧などに使われた。

いっぽう蘭印では、再統治を図るオランダに対して、独立運動が起こり、ジャワ島に残されていた、海軍の九三式中練、陸軍の九八式直協、九九式軍偵察機などが、初代インドネシア空軍機として、オランダ軍を相手に戦った。

▲マレー半島の、クアラルンプール飛行場にて敗戦を迎え、スクラップ処分のため一ヵ所に集められた、二式高等練習機。各機の尾翼に描かれた部隊マークから、もと第四四教育飛行隊の所属機ということがわかる。

▼マレー半島のカハン飛行場にて敗戦を迎え、クルアン飛行場に移動したのち、ATAIU-SEAに引き渡された。もと第一野戦補充飛行隊所属の一〇〇式司偵三型。写真は、クルアンからシンガポールに向けて空輸中のショット。本機は、のちにイギリス本国に運ばれ、現在、コスフォード基地内のイギリス空軍博物館に保管・展示されている。

▲こちらは、シンガポールのカラン飛行場と思われる格納庫の前に並べられた、九九式高等練習機。いずれも、グリーン・クロス・フライト用機として使われるらしく、中央の機体は、すでに白四角地に緑十字マークを記入済み。

一〇〇式司偵三型甲 元第一野戦補充飛行隊 連合軍航空技術情報隊・東南アジア 昭和21年2月 マレー半島/クルアン

塗装はオリジナルのままの上面暗褐色、下面灰色、スピナー、プロペラはこげ茶色、主翼上、下面、胴体左右にイギリス空軍国籍標識（外側から濃紺、白、赤のラウンデル、ただし胴体のみは外側に黄フチ付き）を記入。胴体の“ATAIU-SEA”の文字は白。

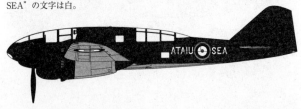

▼太平洋戦争終結直後、再統治を図って蘭印に乗り込んできたオランダ軍に対し、独立を要求して住民が武力闘争を開始し、ジャワ島各地に残されていた、旧日本陸海軍機を徴庸して、のちのインドネシア空軍の母胎となる、航空部隊も編成された。写真は、そのうちの1機、一式戦二型。胴体、主翼、方向舵に、のちのインドネシア空軍国籍標識に似た、赤/白のマークを描いている。

▲ビルマ北東部の要衝、ラシオ付近に不時着したまま放置され、進攻してきたイギリス軍に鹵獲された、もと飛行第二〇四戦隊所属の一式戦二型。二〇四戦隊は、昭和19年1月から7月までの半年間、五〇、六四戦隊とともにビルマ戦線を支えた、一式戦装備の戦闘機部隊だった。

一式戦二型後期『隼』元の所属部隊不詳 インドネシア共和国義勇飛行隊
昭和21年～24年 ジャワ島

複数機の部品を使用した再組立機で、前半部は、無塗装ジュラルミン地肌の上面に暗緑色ベタ塗り迷彩が著るしく剥離しているが、後半部はほとんどオリジナルのまま。スピナー、プロペラはこげ茶色、主翼前縁の旧味方機識別帯はそのままと推定。国籍標識は上・赤、下・白の円、
方向舵も同色の塗り分け。

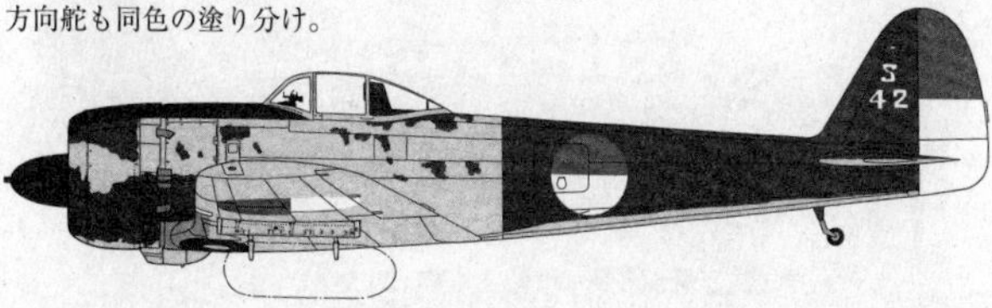

◀シンガポールでイギリス軍に押収され、フランス軍のＡＴＡＩＵ-ＳＥＡでテストされる二式水戦。国籍標識は、フランス空軍の３色ラウンデル。

▼こちらは、仏印に駐留したフランス海軍航空隊の手で運用される、零式水偵一一型。同海軍は、1945年11月に４機、1946年10月に１機、計５機の零式水偵を装備し、事故で３機を失いながら、1948年まで使用した。

零式水偵一一型 元の所属部隊不詳 フランス海軍航空隊
昭和21年 インドシナ

フランス軍による再塗装で、全面ライトグレイ、スピナーは無塗装ジュラルミン地肌、プロペラは、オリジナルのこげ茶色。フランス軍国籍識別（外側から赤、白、青のラウンデル）は、主翼上、下面、胴体両側の６ヵ所に記入、胴体のコードレターは黒。方向舵の３色旗も、国籍標識と同色で、前方より青、白、赤。

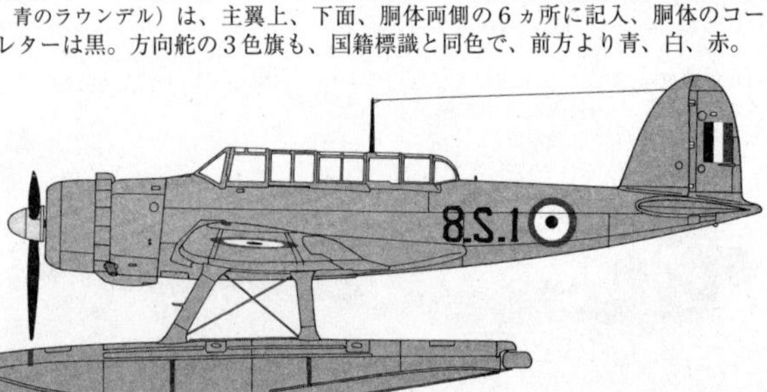

▲マレー半島最南端、シンガポール島とは、ジョホール水道を隔てた対岸近くに位置したテブラウ飛行場は、旧日本海軍の使用基地だった。写真は、同基地にて敗戦を迎え、イギリス軍に接収されたのち、ATAIU-SEAの所管となった、もと第三八一航空隊所属と思われる零戦二一型（手前）、および五二型。操縦しているのは、旧日本海軍搭乗員で、その意味でも、この写真はテスト飛行ではなく、シンガポールに向けての空輸中のものと考えられる。後方の五二型は、その後イギリス本国に搬送され、現在は、首都ロンドンの帝国戦争博物館に、操縦室まわりの胴体部分だけが保存・展示されている。

零戦五二型 元の所属部隊不詳 連合軍航空技術情報隊・東南アジア
昭和21年 マレー半島/テブラウ

塗装はオリジナルのままの、上面暗緑色、下面灰色、スピナー、プロペラはこげ茶色。主翼上、下面、胴体左右の6ヵ所にイギリス空軍国籍標識（外側より濃紺、白、赤、ただし、胴体のみは外側に黄フチ付き）、胴体の“ATAIU-SEA”、および尾翼記号は白。

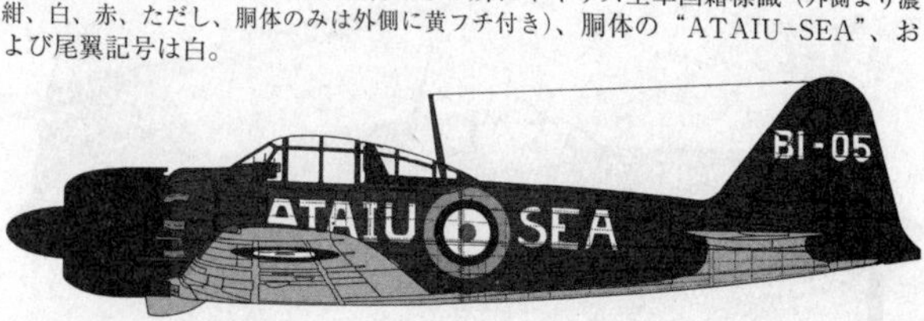

▲〔上２枚〕これも、前ページの零戦と同様、テブラウにおける鹵獲海軍機で、もと第三八一航空隊所属の局戦『雷電』二一型。上段写真は、イギリス軍兵士の指示に聞き入る、旧日本海軍搭乗員。背後の雷電は“B1–02”号機。おそらく、シンガポールへの空輸時の撮影であろう。下段写真は、テブラウ付近のジャングル上空を、旧日本海軍搭乗員の操縦で編隊飛行中のベスト・ショット。テブラウで鹵獲された雷電は、この２機だけだった。両機とも、イギリスには運ばれず、現地にてスクラップ処分された。

局戦『雷電』二一型 元第三八一海軍航空隊 連合軍航空技術情報隊・東南アジア 昭和21年 マレー半島/テブラウ

塗装はオリジナルのままの、上面暗緑色、下面灰色、スピナーはこげ茶色、または暗緑色、プロペラ表面は無塗装、裏面はツヤ消し黒。マーキングは、P.135の零戦五二型と同じ。

▲テブラウで鹵獲した海軍機の中で、最も大柄な機体、一式陸攻二四型が、旧日本海軍搭乗員の操縦で、同地上空を飛行中のショット。機体はまったくの無傷で、調査、テスト対象には申し分なかったが、アメリカのように、本国まで搬送する術がなく、本機も現地でスクラップ処分された。尾翼の接頭符号が、零戦、雷電の“B”に対し、“F”としているのは双発機ゆえか？

▶ATAIU-SEAの将校（右）が見守るなか、発動機を始動した、テブラウの鹵獲機の一機、二式陸練『紅葉』。同地では、二機の紅葉が鹵獲された。

一式陸攻二四乙型 元の所属部隊不詳 連合軍航空技術情報隊・東南アジア 昭和21年 マレー半島/テブラウ

塗装はオリジナルのままの全面暗緑色、スピナー、プロペラはこげ茶色。イギリス空軍国籍識別は6ヵ所に記入、胴体の“ATAIU-SEA”は白、尾翼の記号は黄。

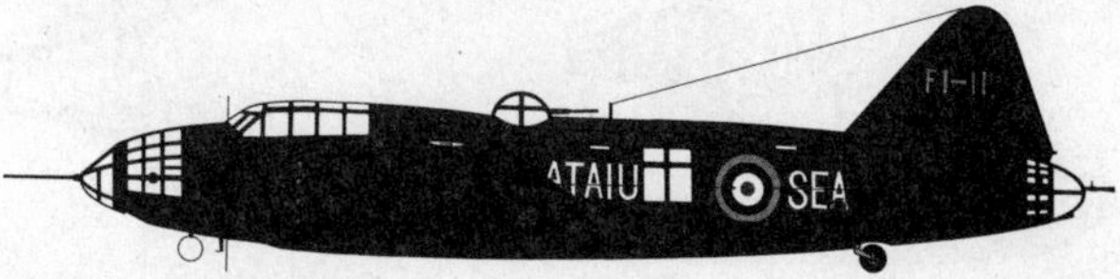

▲蘭印（オランダ領東インド——現インドネシア）のジャワ島スラバヤ基地で敗戦を迎え、格納庫でイギリス軍により整備をうける、九七式輸送飛行艇。本機は、グリーン・クロス・フライトに使用され、全面を明灰色に塗り、艇体後部には緑十字マークを記入していた。主翼下面には、インドネシア国旗状の赤/白マーク、艇体後部の緑十字マークを、白ペンキで消したその後方に、オランダ国旗状の青/白/赤マークを描くなど、所有権が二転三転したらしい。その後、本機はイギリス軍のATAIU-SEA所管にかわり、シンガポールのセレター基地に空輸された。

九七式輸送飛行艇 元の所属部隊不詳 連合軍航空技術情報隊・東南アジア 昭和21年 シンガポール/セレター

上面ライトグレイ、下面ダークグレイ、艇首上面はツヤ消し黒、イギリス空軍国籍標識は6ヵ所に記入、垂直尾翼外側に3色フラッシュあり。艇体側面の“ATAIU-SEA”は黒。

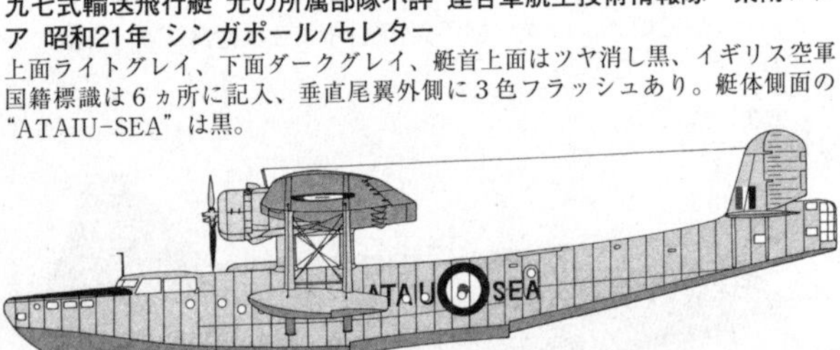

▲本来は、第二章の最後に含めるべき対象であるが、その主たる活動域が、東南アジア方面だったこともあり、本章に挿入した。写真は、ニューギニア島西部のバボ地区で廃棄処分されたまま、アメリカ軍に鹵獲された、もと第三八一航空隊所属の零戦。いずれも、発動機を含めた機首部分が欠落しており、型式の判別が困難だが、手前機は、主翼端の形状から、二一型、または二二型であることがわかる。これら、三八一空の零戦が注目されるのは、主翼端上面の、かなり広範囲を白く塗り、垂直、水平尾翼を灰色に塗ったこと。内地の練習航空隊はともかく、外地の実施部隊で、これほど目立つ識別塗装を施した例は他にない。これは、スマトラ島方面の三三一空が、昭和18年12月上旬に実施された、陸軍飛行部隊との協同作戦、ビルマからインド東部カルカッタに対する攻撃に参加し、陸軍機から敵機と誤認されないための、味方機識別用に施したものを受け継いだとされる。

零戦二一型（中島製）元第三八一海軍航空隊
昭和19年 ニューギニア島/バボ

実施部隊における零戦の識別塗装例としては、最も大胆、かつ派手な例。主翼上面翼端は白だが、垂直、水平尾翼全体は明度がやや低く、下面色の灰色に塗っている。垂直尾翼上部に小さく記入された部隊符号/機番号は白、もしくは黄。図の下２桁番号は推定。全体塗装は、中島製零戦の標準仕様で、上面暗緑色、下面灰色、スピナー、プロペラ表面は無塗装、胴体日の丸は白フチ付き。

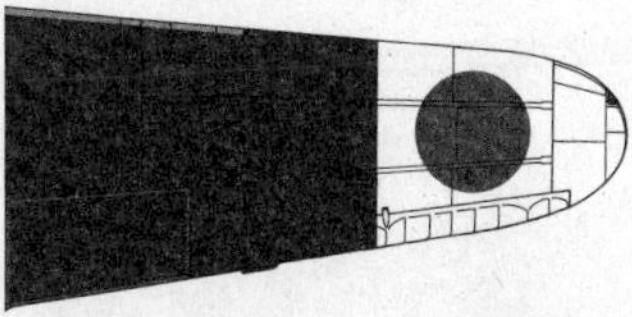

第八章

祖国に殉ず

日本本土で敗戦を迎えた陸海軍機

昭和二〇年八月一五日、日本が連合国に対して無条件降伏を受諾し、三年八ヵ月にわたった太平洋戦争が終結したとき、陸、海軍の航空戦力は、文字どおり〝刀折れ矢尽きた〟状況だったのだが、保有機材が底をついたというわけではなかった。

その証拠に、敗戦直後、GHQ（連合軍総司令部）の命令で、旧海軍軍務局が調査した資料では、本土各地に約七五〇〇機の各種海軍機が現存していると記述しており、陸軍機については、同様の調査記録はないが、少なくとも作戦機だけで約三〇〇〇機はあったといわれており、機材だけみれば、戦力ゼロというわけではなかったのだ。

もっとも、これらの航空機を飛ばすための燃料は、すでに尽きかけており、また、通常作戦に従事できるほどの技倆をもつ搭乗員も、極くわずか残っているだけという現状では、その真戦力はまことにお寒い限りだったが……。

これら、本土各地で武装解除された陸、海軍機のうち、新型機、高性能機、試作機など、アメリカ軍の専門技術者がみて、調査、テスト対象に値すると判定された機体は、船便にて本国へ搬送するため、神奈川県横須賀市の旧海軍追浜基地まで空輸されたが、その他は、現地にてスクラップ、または焼却処分とされた。

その方法は徹底していて、ブルドーザーで押し潰したのち一ヵ所に集め、ガソリンをふりかけて火を放つという、情容赦のないものだった。旧日本軍の兵器は、一切形としてとどめおかぬという、連合軍側の強い意志だろう。

長崎県の、旧大村海軍基地における、もと第三四三航空隊所属、紫電改の焼却処分を記録した写真は、日本敗戦、そして鹵獲機の末路を象徴するシーンと言えるだろう。

▲敗戦から二ヵ月半が経過した昭和二〇年一〇月三一日、長崎県の旧大村海軍基地にて焼却処分される、もと第三四三航空隊の局戦『紫電改』群。天に沖する黒煙と、まるで葬送機のように、右手前で向かい合った、グリーン・クロス・フライト用零式輸送機の姿が、悲壮感を誘う。

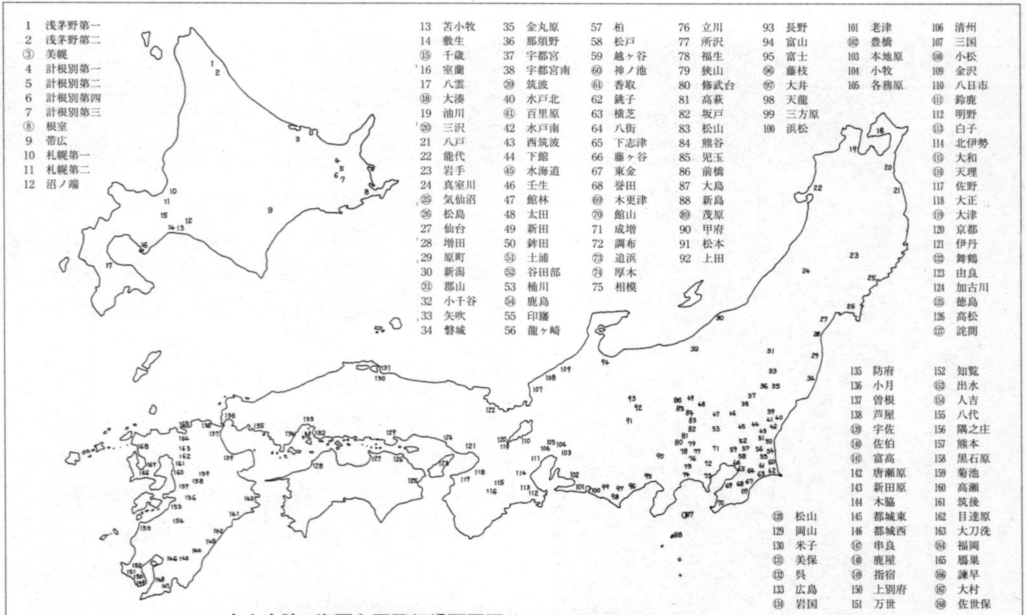

本土内陸、海軍主要飛行場配置図（昭和20年８月当時）

（○で囲んだ数字は海軍基地を示す）

▲〔上２枚〕台湾の台北市郊外、松山飛行場にて敗戦を迎え、アメリカ軍による処分を待つ、各種陸軍機。上段写真の右端と、下段写真の手前は、もと飛行第二〇四戦隊所属の一式戦三型甲。同戦隊は、昭和19年７月末までビルマ、10月から11月末まで比島で戦い、戦力再建のため内地に帰還したあと、20年２月末には再度仏印を転戦し、一部は３月、木隊は７月に入って台湾に移動していた。写真の一式戦の前方には、九九式軍偵、グリーン・クロス・フライト用に白色塗装した、一〇〇式司偵などが並んでいる。

一式戦三型甲『隼』元飛行第二〇四戦隊 昭和20年10月 台湾/松山

上面暗褐色、下面灰色、スピナー、プロペラは暗灰緑色、胴体日の丸のみ白フチ付き、胴体帯は白、垂直尾翼前縁の白と赤の塗り分けが戦隊マーク。方向舵の機番号“01”は黄フチ付きの白。

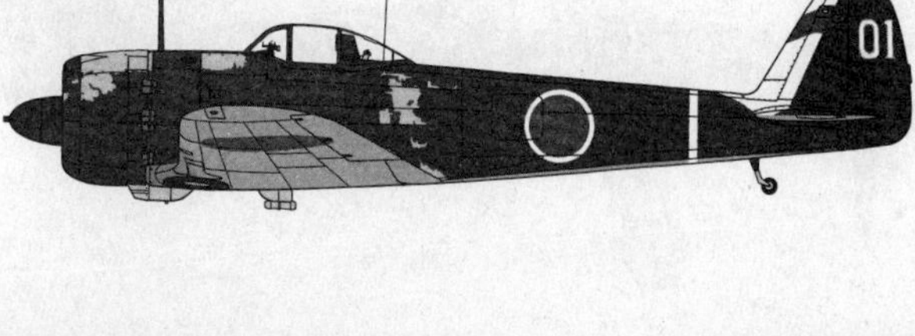

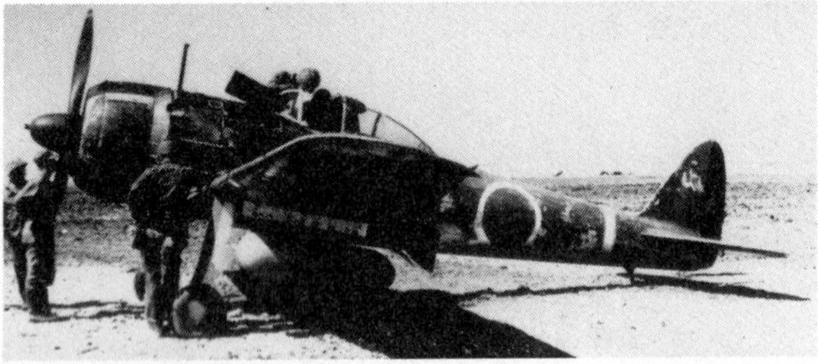

▼これも、アメリカ軍占領下の沖縄・読谷飛行場におけるシーンで、偽装網を被せた掩体地区に引き込まれたまま鹵獲された、三式戦一型。別角度の写真では、垂直尾翼に飛行第五五戦隊マークが確認できるが、特攻隊への抽出機の可能性もある。

▲昭和20年４月、アメリカ軍が制圧した、沖縄本島の読谷（よみたん）飛行場にて、ほぼ無傷のまま、鹵獲された一式戦二型。特攻隊の使用機と思われ、何らかのトラブルにより、投降するような状況で不時着したらしい。アメリカ軍兵士が、さっそく臨検にかかっている。

三式戦一型丁『飛燕』元飛行第五五戦隊 昭和20年６月 沖縄/読谷

上面暗緑色、下面無塗装ジュラルミン地肌、スピナー、プロペラはこげ茶色、胴体日の丸のみ白フチ付き、その後方の帯は白。胴体後部上方の珍しい記入例の帯は長機標識で、白フチどりの黄、尾翼の戦隊マークは白フチどりの赤。

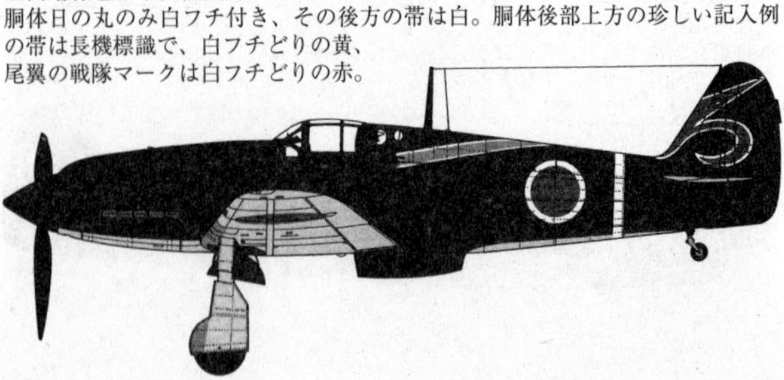

▲〔上２枚〕沖縄本島の、読谷飛行場に進駐してきたアメリカ軍地上部隊が、場内（上段写真）、および周辺の掩体地区で鹵獲した、四式戦『疾風』。アメリカ軍の銃爆撃により、機体は損傷をうけており、下段写真の機体は、火災をおこして煙を噴いている。上段写真の右遠方は、海軍の九六式陸攻。

▼これも読谷飛行場と思われる一遇にて、操縦室付近に重い損傷をうけた状態で、アメリカ軍に鹵獲された九九式襲撃機。沖縄戦当時、固定式主脚の本機は、第一線機としては使えなくなっており、夜間攻撃、もしくは特攻が主たる活動だった。

▲読谷飛行場周辺と思われる木陰に隠匿されたまま、進攻してきたアメリカ軍に鹵獲された、三式指揮連絡機。機体構造には、大きな損傷はみられないが、胴体の羽布張り外皮がほとんど剥がされ、骨組みだけになっている。本機は就役が遅く、活躍の場がなかった。

▼アメリカ軍に占領された、沖縄の二つの主要飛行場、読谷と嘉手納（かでな）の機能を一時的にせよマヒさせるため、決死の強行着陸・斬り込み隊として、昭和20年５月24日夜に突入したのが、義烈空挺隊であった。写真は、読谷に胴体着陸した、第三独立飛行隊の九七式重爆二型乙改造の輸送機。一夜明けた25日朝、アメリカ兵士の臨検をうけているところ。

九七式重爆二型改造輸送機 元第三独立飛行隊（義烈空挺隊輸送任務機）
昭和20年5月25日 沖縄/読谷

全面灰緑色地の上面にマダラ、蛇行状の迷彩パターン、スピナー、プロペラはこげ茶色、胴体日の丸のみ白フチ付き、その後方の帯は白。方向舵の３本帯は、第三独立飛行隊の隊マークで、色は白フチどりの赤、
その下の機番号“546”は白。

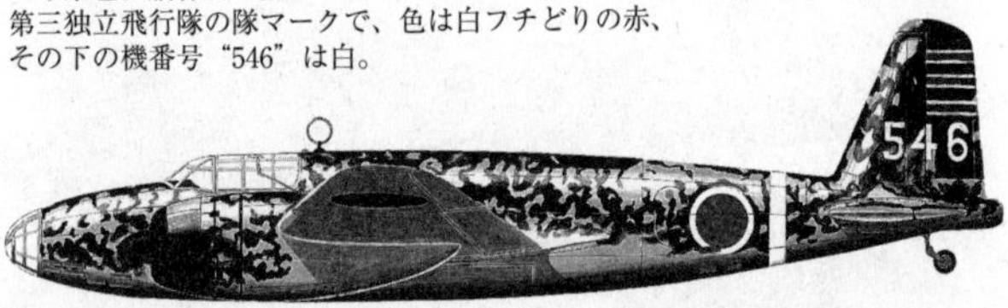

▼敗戦から２ヵ月が経過した昭和20年10月、周囲のススキの穂先も白くなった、熊本県・健軍飛行場に放置されたままの、もと陸軍航空通信学校所属、一式双発高練乙型。

▲海軍管轄下の鹿児島県・鹿屋基地の一角で、損傷後に部品取り機として放置されたまま、アメリカ軍に接収された一〇〇式司偵三型。左手前には、発動機が転がっている。

一式双発高練乙型 製造番号5434 元陸軍航空通信学校
昭和20年10月 熊本県/健軍

全面灰緑色、各日の丸は全て白フチなし、プロペラはこげ茶色、尾翼の学校マークは黒と白、その上の固有機符号（片カナの“ハ”）は黒。

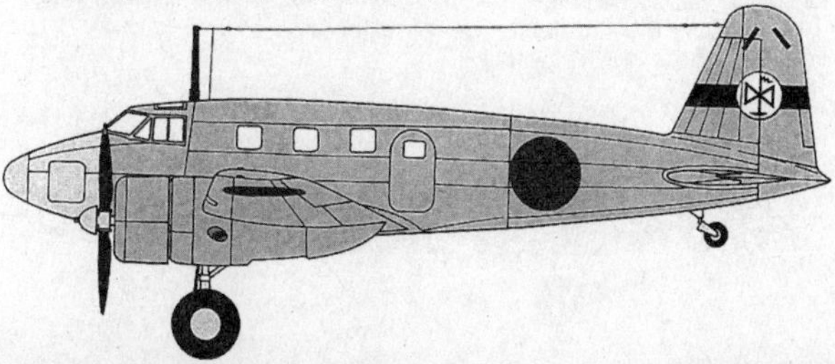

〔このページ３枚〕熊本平野の東端に位置した、健軍飛行場にて敗戦を迎え、アメリカ軍の処分命令を待つ四式重爆『飛龍』。上段写真は、もと飛行第六〇戦隊、中、下段写真は同一一〇戦隊所属機であるが、両部隊は、敗戦一週間前の８月７日、最後の決戦に備えるために合体し、第一七〇爆撃隊という、特別名称に変わっていた。

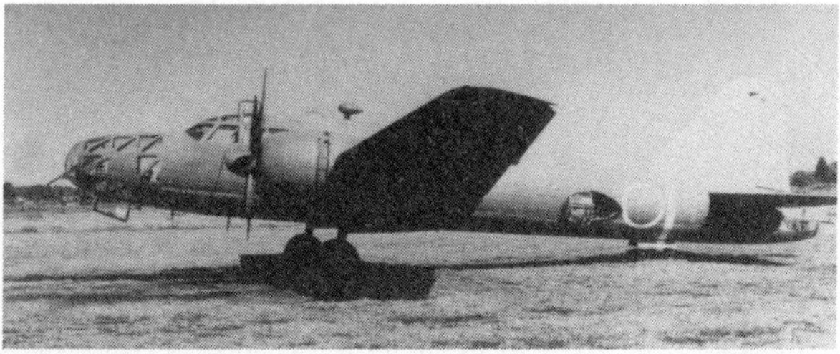

四式重爆一型『飛龍』元第一七〇爆撃隊 昭和20年10月 熊本県/健軍

上面暗褐色、下面灰色、胴体日の丸のみ白フチ付き、スピナー、プロペラはこげ茶色、胴体帯、垂直尾翼全体は白。

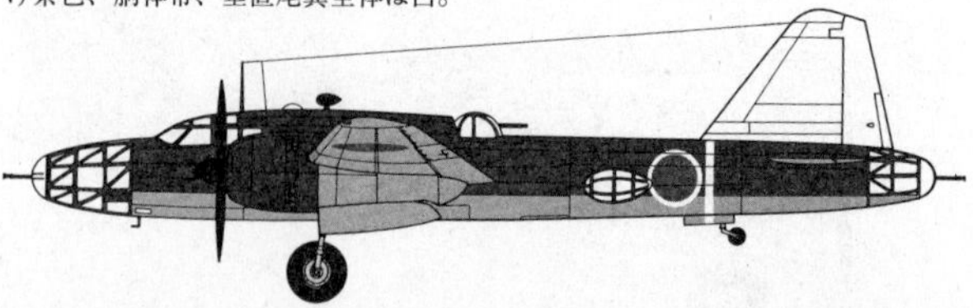

▼上写真の右奥にも写っている、陸軍特別攻撃隊の使用機、九五式一型練習機。本土決戦に備え、沖縄戦の途中から特攻隊編成が急増したが、もはや、それらに与えるべき実戦用機も底を尽きつつあり、本機のような複葉練習機までかき集めなければならない事態となっていた。重い爆弾をくくり付け、航続距離を確保するため、後席に燃料用ドラム缶を固定した姿は、正視に耐え得ない。

▲前ページに続く、健軍飛行場にて敗戦を迎えた陸軍機の、アメリカ軍撮影写真。中央は、方向舵に記入された“大”の文字から、もと大刀洗飛行学校所属の九九式双軽爆二型とわかる。実戦用機ではなく、特攻機の誘導任務などに従事していたものであろう。

九五式一型練習機　元振武特別攻撃隊
昭和20年10月　熊本県/健軍

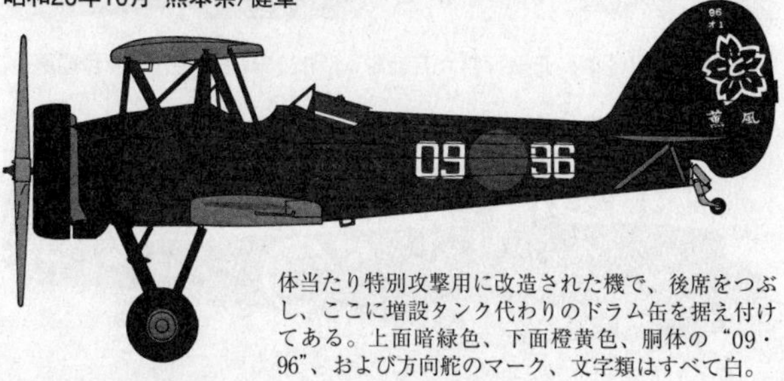

体当たり特別攻撃用に改造された機で、後席をつぶし、ここに増設タンク代わりのドラム缶を据え付けてある。上面暗緑色、下面橙黄色、胴体の“09・96”、および方向舵のマーク、文字類はすべて白。

▲これも、健軍飛行場における敗戦後の三式戦一型『飛燕』。特攻隊への配備機である。敗戦当時、アメリカ軍の上陸も予想された九州の各飛行場は、最前線になるはずだった。

▼佐賀県の目達原（めたばる）飛行場にて敗戦を迎え、２列横隊に整然と並べられたまま、アメリカ軍命令による処分を待つ、もと飛行第六五戦隊所属の一式戦三型甲群。

一式戦三型甲『隼』元飛行第六五戦隊 昭和20年10月 佐賀県/目達原
上面暗褐色、下面灰色、スピナー、プロペラは緑褐色、胴体日の丸のみ白フチ付き、同帯、および尾翼の戦隊マークは白。

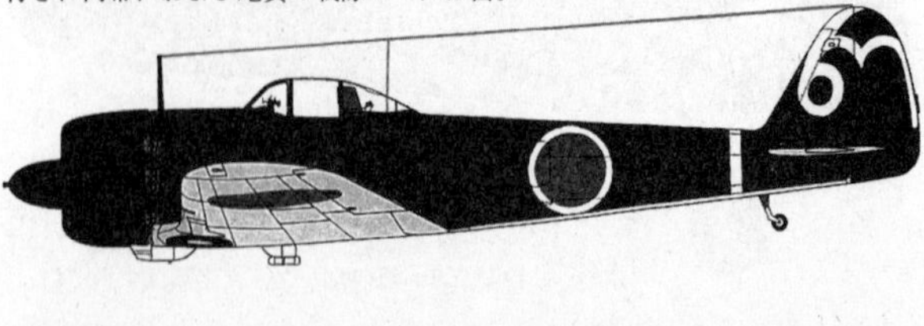

〔このページ3枚〕当時、蓆田（むしろだ）、または板付飛行場（現在の福岡空港）と呼ばれた一隅に、敗残の姿を晒す陸軍機。上段写真は、左の2機が一〇〇式司偵三型、右の2機が二式複戦『屠龍』。いずれの機も、特攻隊に抽出されたものと思われる。中段写真は、2機とも四式戦『疾風』だが、戦闘機隊、特攻隊いずれの所属かは不詳。下段写真は、もと飛行第九八戦隊所属と推定される、四式重爆『飛龍』で、操縦室横に、日の丸標識の戦果マーク5個を描いており、歴戦の機体だったことを示している。九八戦隊は、七戦隊とともに海軍の指揮下に入り、台湾沖航空戦などに際し、異色の陸軍雷撃隊として活動した。

▲〔上2枚〕敗戦から2ヵ月余が経った昭和20年10月、福岡県の芦屋飛行場に、野ざらしのまま止め置かれる三式戦一型。上段写真の左側機と下段写真の機は同一機で、胴体側面いっぱいに記入された赤い電光マーク、他機のと付け替えられた方向舵からも察せられるように、第一四九振武特別攻撃隊（隊員6名）の使用機である。同隊は、20年5月に編成され、芦屋飛行場に進出して、本土決戦に備えていたが、幸いにも敗戦により出撃することなく終わった。

三式戦一型乙、または丙『飛燕』元第一四九振武特別攻撃隊
昭和20年10月　福岡県/芦屋

全面無塗装ジュラルミン地肌、主翼日の丸は白帯付き、スピナーは黄と推定、胴体を貫く電光マークは赤。垂直安定板に残る赤フチ付き黄の斜帯は、旧飛行第五九戦隊第三中隊所属機の名残り。方向舵は別の一四九振武隊機からの流用で、赤地に白の爆弾と、黄/青の菊水マークの半分が見える。このマークの下に一部分露出しているのは、
旧明野飛行学校マーク。

▼福岡県・雁巣飛行場の片隅に、1機だけポツンと置き去りにされたままの、MC-20-II民間輸送機。陸軍が徴用して、高官輸送機として使っていたもので、方向舵に小さく、固有名称“萬代”を記入している。徴用後、応急的に塗りたくられた乱雑な迷彩が、侘しさを誘う。

▲これも、前ページと同じく、昭和20年10月の芦屋飛行場風景。見事なまでにあお向けにひっくり返っているのは、第五六振武特別攻撃隊に配備された三式戦一型で、右側機の垂直尾翼に、隊名の“56”を図案化したマークが確認できる。この無残な姿は、鹵獲したアメリカ軍による“仕打ち”ではなく、台風による“風害”のせい。

三式戦一型丁 元特別攻撃隊第五六振武隊 昭和20年10月 福岡県/芦屋

全面無塗装ジュラルミン地肌の上面に、暗緑色のマダラ状迷彩パターン、機首上面は反射除けのツヤ消し黒、スピナー、プロペラはこげ茶色、胴体日の丸のみ白フチ付き、尾翼の隊マークは白。

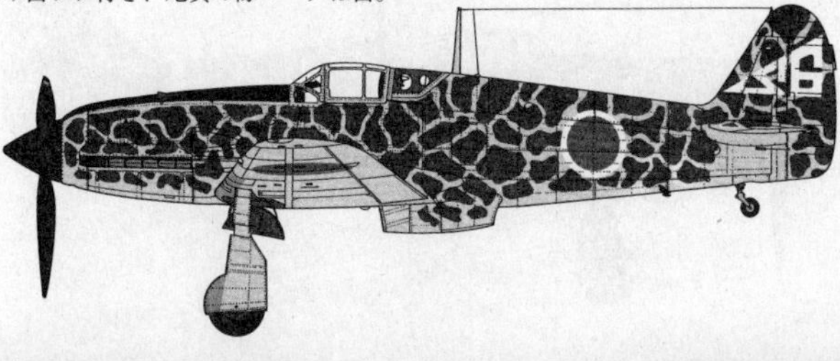

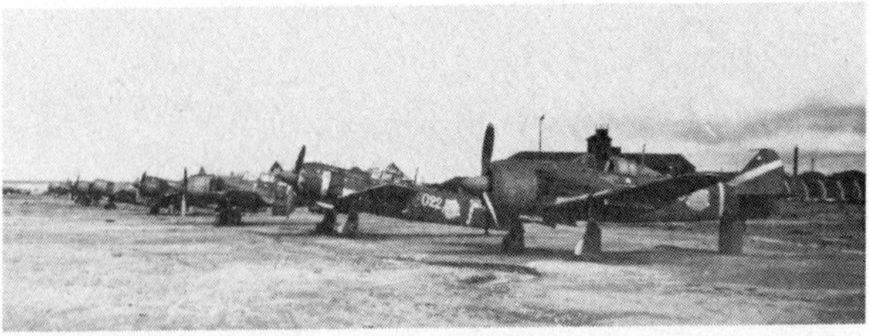

▲〔上２枚〕いまだ敗戦を承服しかねるといった風情で、芦屋飛行場に整然と並ぶ、もと飛行第五九戦隊所属の五式戦闘機一型群。20年10月の撮影。陸軍最後の制式戦闘機として、緊急量産、配備が叫ばれた本機だが、二四四戦隊以外は、ほとんど実戦に使われることなく終わってしまった。五九戦隊もその例に漏れない。写真の各機は、このあと、アメリカ軍の情容赦ない“ブルドーザー攻撃”で押し潰され、スクラップ処分されて消えた。

五式戦一型　元飛行第五九戦隊第二中隊　昭和20年10月　福岡県/芦屋

上面暗褐色、下面無塗装ジュラルミン地肌、スピナー、プロペラはこげ茶色、胴体日の丸のみ白フチ付き。主脚カバーも暗褐色で、下部に赤の細い斜帯を記入。胴体と方向舵下部の機番号（製造番号下３桁）“177”、および胴体帯は白、尾翼の戦隊マークは黄フチどりの赤。

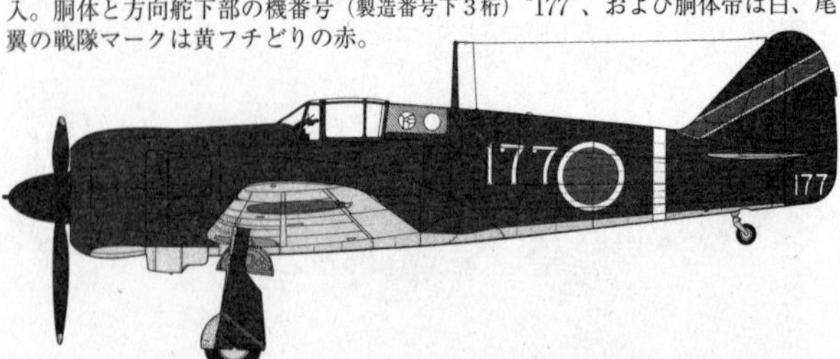

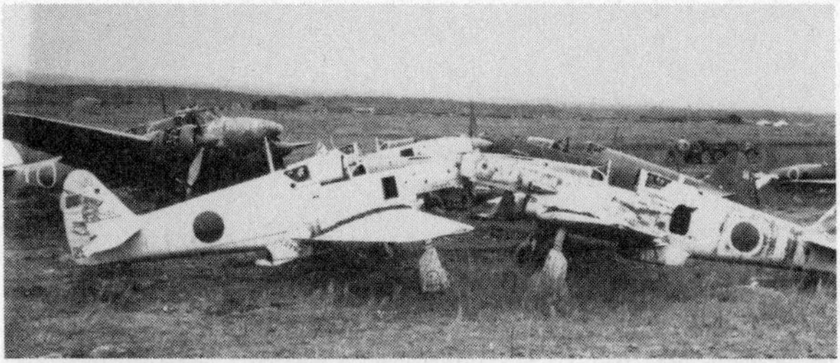

▲〔上２枚〕朝鮮半島の南に位置する、済州島の飛行場にて敗戦を迎え、アメリカ軍の処分を待つ陸軍機。手前のほうは、もと飛行第五六戦隊所属の三式戦一型、奥のほうに見える双発機は二式複戦丁型。同飛行場は、本土決戦に備えるために、戦力温存策を採った九州各地展開の陸軍飛行部隊が、アメリカ軍機の空襲をうけたときの避難場所として使用し、また、本土決戦の際の後方基地に予定されていた。

三式戦一型丙 製造番号3294 元飛行第五六戦隊第二中隊
昭和20年10月 済州島

全面無塗装ジュラルミン地肌、機首上面は反射除けのツヤ消し黒、スピナー、プロペラはこげ茶色、各日の丸は白フチなし、尾翼の戦隊マークは、黒フチどりの赤。方向舵下部の“294”は黒。

▲〔上２枚〕大阪の佐野飛行場において、アメリカ軍の処分を待つため、整然と並べられた、もと飛行第五五戦隊の三式戦一型群。本土防空用戦闘機隊として、昭和19年４月に編成された五五戦隊だが、比島決戦に駆り出されて戦力を消耗した。その後再建されて本土防空任務に復帰し、愛知県・小牧、九州の万世飛行場と機動しつつ、20年８月上旬には大阪府下の佐野飛行場に移駐し、ここで敗戦を迎えた。当時、三式戦約40機を保有しており、阪神地区の戦闘機隊としては、比較的戦力が充実していた。

三式戦一型丁『飛燕』元飛行第五五戦隊 昭和20年９月 大阪/佐野

上面暗緑色、下面無塗装ジュラルミン地肌、スピナー、プロペラはこげ茶色、各日の丸は白フチなし、胴体の機番号“70”、および尾翼の戦隊マークは黄。

〔このページ３枚〕京都府下の飛行場にて、ブルドーザーを使い一ヵ所に集めたのち、もと日本陸軍兵士の手により、ガソリンを振りかけて火を放たれ、炎上する各種陸軍機。上段写真は一式双発高練、中段写真の手前は九九式軍偵、または襲撃機、左は四式初練、下段写真は、九五式一型練などの複葉機群。木製骨組み、羽布張り外皮の複葉機は、一瞬にして燃え尽きてしまう。アメリカ軍による、旧日本軍用機に対する徹底した処分ぶりを、象徴的に示す写真であろう。３枚とも、昭和20年11月18日の撮影。

▲〔上２枚〕敗戦時、川崎航空機工業㈱岐阜工場のハンガー内にあり、プロペラを取り外して“武装解除”された、五式戦闘機二型の試作第３号機。本型は、五式戦一型に排気タービン過給器を取り付けて、高々度性能を向上させ、B-29迎撃機とするはずだった。逼迫した状況のもと、わずか２ヵ月で改造設計を終え、20年５月には試作１号機が完成するというスピード開発だったが、生産１号機の完成は９月と予定されており、戦争には間に合わなかった。テストでは、排気タービン過給器には、とくに問題もなく、高度１万m付近で、一型に比べ30km/hは優速であることが確認されたという。鹵獲したアメリカ軍からみれば、本機は調査、テストの最重要対象機に違いなく、のちに本機が本国へ搬送されている。

五式戦二型試作第３号機 川崎航空機工業㈱岐阜工場
昭和20年８月 岐阜県/各務原

上面暗褐色、下面無塗装ジュラルミン地肌、各日の丸は白フチなし、スピナー、プロペラはこげ茶色、尾翼の３本帯と試作３号機を示す“3”は白。

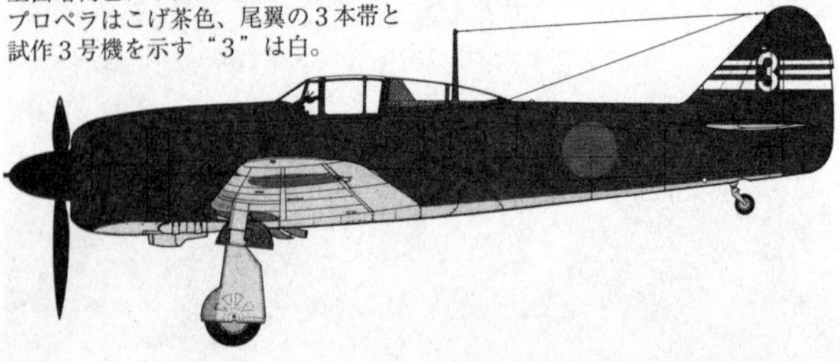

▼三重県の北伊勢飛行場とおぼしき場所で、敗戦後にアメリカ軍の進駐をうけ、接収された陸軍機、および火器類。手前には7.7mm、12.7mm、20mmの各口径機銃、砲が整然と並べられ、遠方の草地には、四式戦、二式戦、一〇〇式司偵などが並んでいる。

▲前ページの五式戦二型と同じく、川崎の岐阜工場内にて敗戦を迎え、アメリカ軍に接収された、キ108高々度戦闘機の試作1号機。“まゆ型”の与圧キャビンと、排気タービン過給器を備える、本格的な高々度戦闘機として開発されたが、試作4機で終わった。

キ108試作高々度戦闘機1号機 川崎航空機工業㈱・岐阜工場
昭和20年10月 岐阜県/各務原

上面暗褐色、下面無塗装ジュラルミン地肌、垂直尾翼のみ灰緑色、各日の丸は白フチなし、スピナー、プロペラはこげ茶色、胴体帯は白フチ付きの赤、垂直安定板の“7”（キ102の試作7号機を改造したことを示す）も赤。

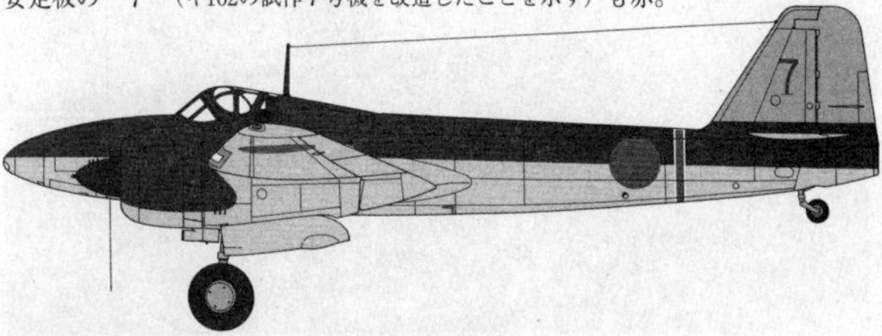

〔このページ３枚〕新潟県の新潟飛行場における。アメリカ軍の、旧日本陸軍機処分風景。上段写真は、ブルドーザーに押しやられて潰される九五式一型練、九九式高練、中段は一ヵ所に集められた九九式高練（左の２機）、一式双発高練、下段は、ブルドーザーに押されて逆立ちした九五式一型練、左は仰向けにひっくり返された四式初練。これらは、その後火を放たれて焼却された。

▲太平洋を無着陸で横断し、アメリカ本土に決死の片道爆撃を加えるという、ほとんど夢想に近い構想に基づいて開発された、陸軍唯一の戦略爆撃機が、立川キ74であった。しかし、排気タービン過給器、与圧キャビンをはじめ、当時の日本航空工業技術では手に負えない、高度な装備を持ったこともあって、試作は難航し、結局、増加試作機を含めて14機が完成しただけで敗戦となり、すべての努力は水泡に帰した。これら、完成したうちの数機は、空襲を避けて、山梨県甲府市郊外の玉幡飛行場に“疎開”しており、ここで敗戦を迎えた。写真は、アメリカ軍が進駐してきて、接収・鹵獲された直後の第13号機。本機の性格からして、アメリカ側もその重要性を認識し、専門の技術班を派遣してきて、念入りに調査した。

▶アメリカ軍が接収後、命令により国籍標識を青円／白星マークに塗り替える、立川飛行機㈱の技術者。後方は第6号機。

▼アメリカ軍国籍標識への塗り替えを完了した、第13号機。垂直安定板の〝13〟の数字は、消されずに残っている。

▲〔上２枚〕玉幡飛行場にて、アメリカ軍の調査をうけるキ74。上段写真は、前ページ上、下写真と同じ第13号機。右ナセル付近に立つ、立川飛行機㈱の技術者と比較すれば、本機の大きな主翼がよくわかる。下段写真は、発動機を試運転中のショット。遠方には、監視任務のために派遣された、アメリカ海兵隊所属と思われる、TBM−3アベンジャー艦攻がみえる。アメリカ側は、結局、４機のキ74を抽出し、うち２機を本国に運んだようだ。

キ74試作遠距離爆撃機13号機　昭和20年10月　山梨県/玉幡

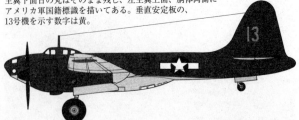

上面暗褐色、下面無塗装ジュラルミン地肌、スピナー、プロペラはこげ茶色、主翼下面日の丸はそのまま残し、左主翼上面、胴体両側にアメリカ軍国籍標識を描いてある。垂直安定板の、13号機を示す数字は黄。

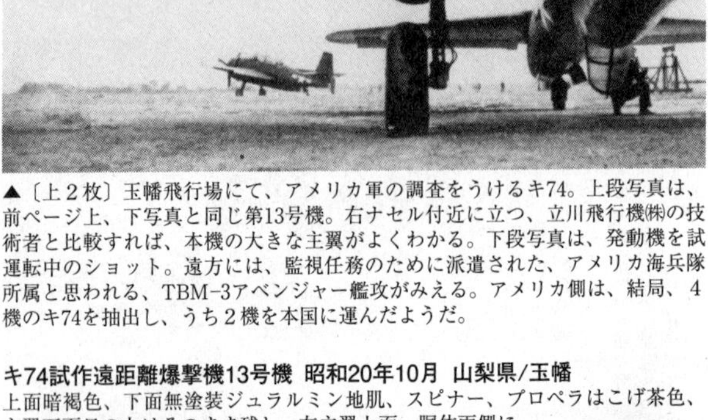

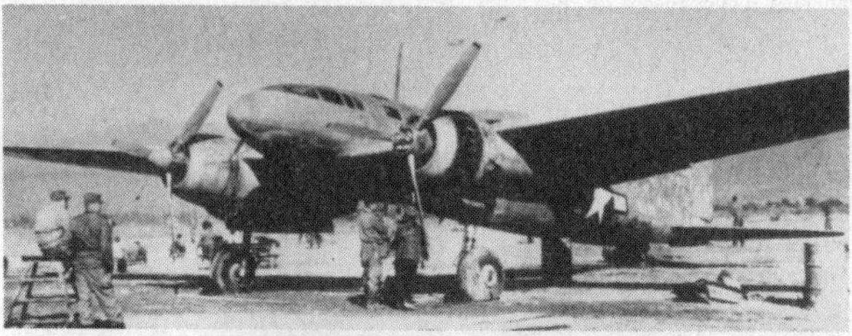

▲〔上２枚〕キ74とともに、甲府市郊外の玉幡飛行場に疎開していて、アメリカ軍に接収された、長距離飛行実験機、立川キ77の試作１号機。本機はよく知られるように、もともとは、民間用長距離連絡機A-26として開発され、戦争勃発により、陸軍がこれを実験機に転用したというものだ。２機つくられ、１号機は、昭和19年７月４日、満州国内にて16,435km、57時間11分18秒の周回飛行世界記録を樹立したが、戦時中のこととて公表されなかった。

キ77長距離飛行実験機 昭和20年10月 山梨県/玉幡

全面無塗装ジュラルミン地肌の上面に、暗褐色、または暗緑色の迷彩パターン、ただし発動機ナセルのみは、下地に灰色が塗布してある。スピナー、プロペラ表面は無塗装、裏面はツヤ消しこげ茶色。アメリカ軍国籍標識は４ヵ所に記入。

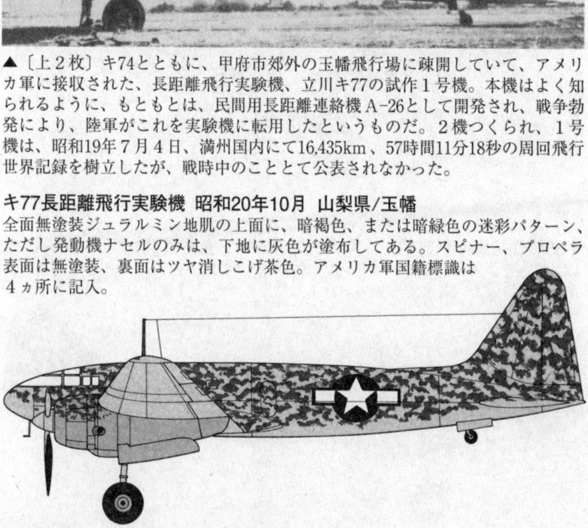

▲▼空襲を避けて、名古屋から長野県の松本に疎開した、三菱重工の航空機開発部とともに、同飛行場でテストされていた、遠距離戦闘機キ83の試作１号機も、ここで敗戦を迎え、さっそくアメリカ軍に接収された。上写真は、MPを歩哨に立たせた、ものものしい警戒ぶりで、本機を重要視していたことがわかる。左写真は、アメリカ軍パイロットの操縦で、テスト飛行中のショット。

キ83試作遠距離戦闘機１号機　昭和20年９月　長野県/松本

上面暗緑色、下面灰色、スピナー、プロペラはこげ茶色、アメリカ軍国籍標識は４ヵ所に記入。垂直安定板の試作１号機を示す“1”は白。

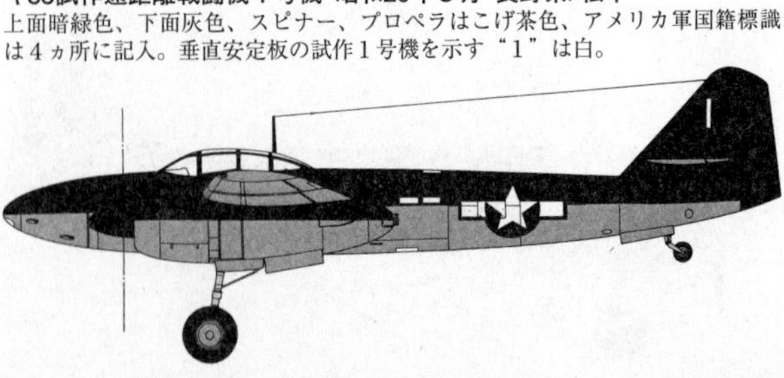

▲アメリカ軍が接収後、山口県の旧海軍岩国基地に並べられた、二式戦二型丙『鍾馗』。黒っぽい塗色を、乱雑に吹き付けた迷彩が異彩を放っている。胴体日の丸を消さずに、アメリカ軍国籍標識を重ね書きしているのも興味深い。方向舵のみ、もと飛行第七〇戦隊所属機のそれを流用している。

▼東京西郊の調布飛行場に放置されたまま、進駐してきたアメリカ軍に接収された、もと第二独立飛行隊所属と推定される、九七式重爆二型甲。同飛行隊は、昭和19年11月3、6、26日の3次にわたり、サイパン島のB-29基地に、夜間奇襲攻撃をかけたことで知られる。

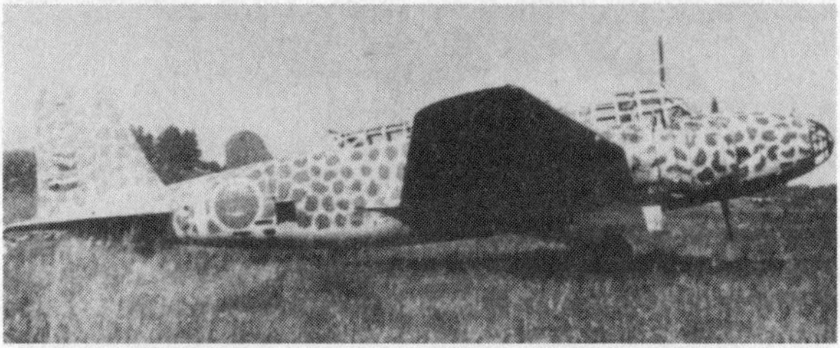

二式戦二型丙　元の所属部隊不詳　昭和20年10月　山口県/岩国

上面は夜間行動用と思われる黒、または黒緑色、ただし、胴体部分にかなりの剥離あり、下面無塗装ジュラルミン地肌。スピナー、プロペラはこげ茶色、アメリカ軍国籍標識は4ヵ所に記入してあるが、胴体のそれは、旧日の丸標識の上に重ね塗りされ、上方がはみ出て残っている。方向舵は、七〇戦隊機のそれを流用したらしく、マーク（赤）の一部が残っている。下部は灰色？

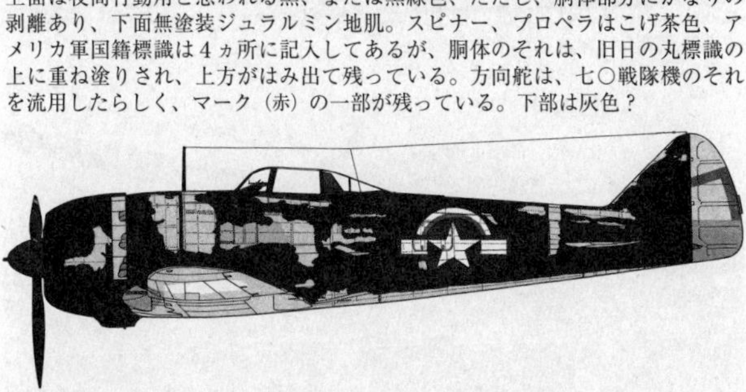

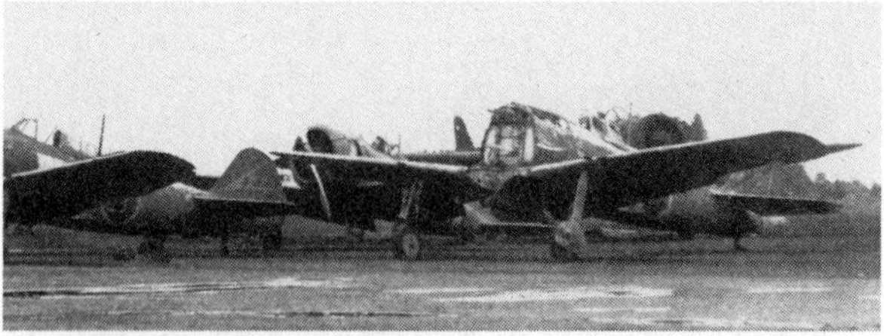

▲戦争末期、帝都防空任務の陸軍戦闘機隊にとって重要な基地となった、板橋区の成増飛行場にて敗戦を迎えた、四式戦『疾風』。左側は、もと飛行第五二戦隊、右側は同四七戦隊の所属機で、後者が20年５月下旬まで、成増飛行場を根拠基地として使用した。画面中央の後方は、訓練用の九七式戦。

▲東京都下、立川飛行場にてアメリカ軍に接収され、追浜に空輸するために、飛行可能コンディションに整備された、四式戦の木製化版キ106。機首まわりに立っているのは、立川飛行機㈱の技術者、および整備関係者。キ106は、結局、性能不足のため、練習機として生産することに決まったが、わずか10機しか完成しなかった。

▼これも、都下福生飛行場にてアメリカ軍に接収され、処分されるのを待つ陸軍機。大きな双発機は、四式重爆を改造したキ109特殊防空戦闘機で、機首から突き出た75mm 砲砲身がはっきりわかる。このキ109に押し潰された恰好の１機と、右主翼下の単発機は、九九式軍偵、または襲撃機。福生には、陸軍航空審査部が所在していた。

▼これも、福生飛行場の陸軍航空審査部においてテスト中だった、三式戦二型改“17”号機。写真は、アメリカ軍が接収後、ジョンソン基地と名を変えた同飛行場の、司令部前庭に、“戦勝記念品”として展示されていた当時のもの。その後、本機は日本に返還され、現在は、鹿児島県・南九州市の特攻平和会館に展示されている。

▲敗戦後、都下・福生飛行場に進駐してきたアメリカ軍の命令で、本国に搬送するため、神奈川県・横須賀の旧海軍追浜基地まで空輸できるよう、整備が施された一〇〇式司偵四型の試作機の1機。排気タービン過給器を備えた新型で、審査部にてテスト中だった。

三式戦二型改『飛燕』元陸軍航空審査部
昭和20年代なかば頃 東京/横田米軍基地内

全面無塗装ジュラルミン地肌、機首上部の反射除けはツヤ消し黒（部分的に削除）、スピナー、プロペラはこげ茶色、アメリカ軍国籍標識は、1947年以降のタイプ（左、右白袖の中に赤の横帯を追加）だが、
手書きのため規格に則っていない。
垂直安定板の文字は黒。

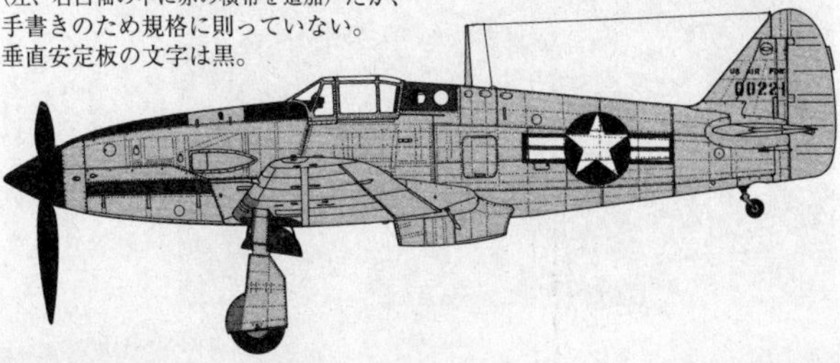

▼群馬県・太田市に所在した、第一軍需工廠（旧中島飛行機を官営化した）にて、完成した直後に敗戦を迎え、プロペラを外して武装解除された、キ115『剣』（左側の列）、および四式戦『疾風』。キ115は、敗戦までに計105機完成したが、審査部の実用許可がおりず、結局、１機も実戦に使われなかった。

▲前ページ下写真と同じく、福生飛行場にてアメリカ軍に接収され、司令部前庭に野外展示された、特殊攻撃機キ115『剣』。胴体にはアメリカ軍国籍標識を描き、垂直尾翼には、ちゃんとしたシリアル・ナンバーまで記入している。体当たり自爆機の本機に、アメリカ軍はどんな感想を抱いたのだろうか？

◀北海道の室蘭飛行場にて敗戦を迎え、操縦室付近に爆薬を仕掛けて、破壊・処分された、もと飛行第五四戦隊の一式戦二型『隼』。焼け残った尾翼に描かれた、折鶴を形どった戦隊マークが哀れを誘う。

▲沖縄の読谷飛行場を制圧したアメリカ軍が、駐機エリアに擱座した、もと第九〇一航空隊所属の九六式陸攻二二、または二三型を接収した直後のシーン。右は、アメリカ陸軍のM3型ハーフ・トラック。この九六式陸攻は、攻撃機としてではなく、対潜哨戒機として使われていたもので、胴体日の丸標識の前方に、磁気探知機による哨戒飛行の際、僚機との間隔目安用の“Ͻ”マークを記入している。

◀これも、読谷飛行場近辺にてアメリカ軍に接収された、体当たり自爆専用機『桜花』一一型、〝I-18〟号機。周囲のアメリカ兵士が興味深そうに眺めている。沖縄に運び込まれた桜花は、結局、母機一式陸攻の進出するチャンスが無く、一機も実戦出撃しないまま、むなしくアメリカ軍に鹵獲されてしまった。

特別攻撃機『桜花』一一型 元の所属部隊不詳
昭和20年6月 沖縄/読谷
全面灰色、機首側面のコード“I-18”は黒、桜花マークは、赤のフチどりに桃色の花びら、白の雌しべ。

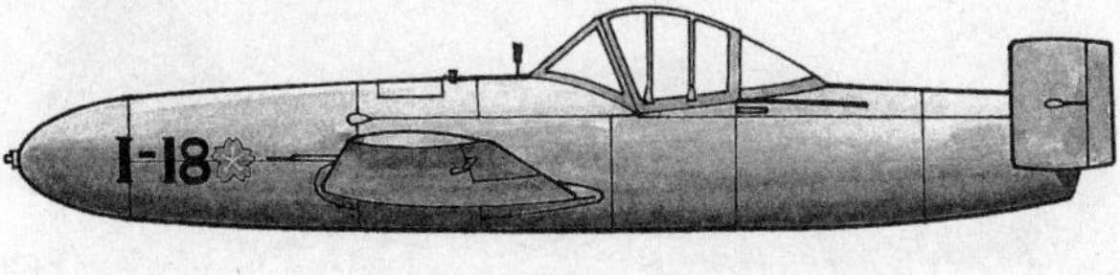

▲◀長崎県の大村海軍基地にて敗戦を迎え、アメリカ軍による処分命令を待つ、もと第二〇三航空隊所属の零戦五二丙型〝03-79〟号機。二〇三空は、比島決戦で壊滅したあと、九州で再建され、本土防空にあたっていた。

零戦五二丙型 元第二〇三海軍航空隊 昭和20年10月 長崎県/大村

上面暗緑色、下面灰色、各日の丸は白フチ無し、スピナーは前半が赤、後半が無塗装、胴体の長機標識帯は白、尾翼の部隊符号/機番号は黄。

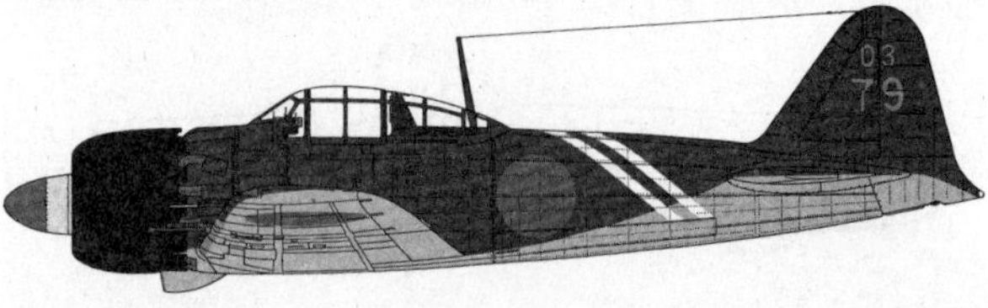

〔このページ3枚〕長崎県の大村基地にて敗戦を迎え、鉄骨の骨組みだけの格納庫内に収納されたまま、プロペラを外して“武装解除”された、もと第三四三航空隊（二代目『剣』部隊）所属の、局戦『紫電』二一型（紫電改）群。海軍最後の精鋭戦闘機隊と自他ともに認め、昭和20年3月19日、四国・松山上空における華々しい戦果で、アメリカ軍にもその存在感を示した三四三空も、4月以降、九州に転進してからは苦しい戦いに終始した。8月15日の敗戦時点で、紫電改はなお数十機保有していたようだが、幹部搭乗員はほとんど戦死しており、かつての精強ぶりにはほど遠い現状だった。下写真は、アメリカ軍の命令により、本国に搬送するために抽出された機体を、整備中のところ。

▲これも、前ページと同じく、大村基地に進駐してきたアメリカ軍が、格納庫内で接収した、もと第三五二航空隊所属の局戦『雷電』三二型。三二型は、排気タービン過給器を装備した型で、実際には、それの不調により採用されなかったのだが、三五二空では、大村基地に隣接した、海軍第二一航空廠にて、二一型、または三一型から改造した排気タービン過給器装備機を、少数使用していた。

▼前ページの紫電改と同じ、骨組みだけの大村基地格納庫内にて、プロペラを外した状態で接収された、艦攻『流星』。本機は、愛知航空機の設計、生産機だったが、二一空廠でも転換生産していた。

▲〔上２枚〕大村基地格納庫内の海軍機。いずれの機もプロペラを外し、敗戦の感ひとしおである。上段写真の右上と、下段写真は同一機で、夜戦『月光』一一型、前者の左手前は艦爆『彗星』一二型、その前方左右に３機の零戦五二、または六二型が写っている。敗戦当時、大村には三四三、三五二空の他にも各種部隊が駐留していた。

▼これも、大村基地で敗戦を迎えた、海上護衛総隊隷下部隊所属の二式中間練習機。尾翼の部隊符号“護”が、具体的にいずれの航空隊を示すのか不詳。

▲〔上２枚〕紫電改や零戦、雷電など、多くの戦闘機に混じって、大村基地で敗戦を迎えた、もと第一〇八一航空隊所属の零式輸送機二二型“81-984”号機。左発動機、補助翼、尾部覆などが取り外されており、整備中に敗戦となったようだ。

零式輸送機二二型　元第一〇八一海軍航空隊
昭和20年10月　長崎県/大村

上面暗緑色、下面無塗装ジュラルミン地肌、主翼上面、胴体の日の丸は細い白フチ付き、スピナー、プロペラはこげ茶色、尾翼の部隊符号/機番号、ツバメのマークは黄。

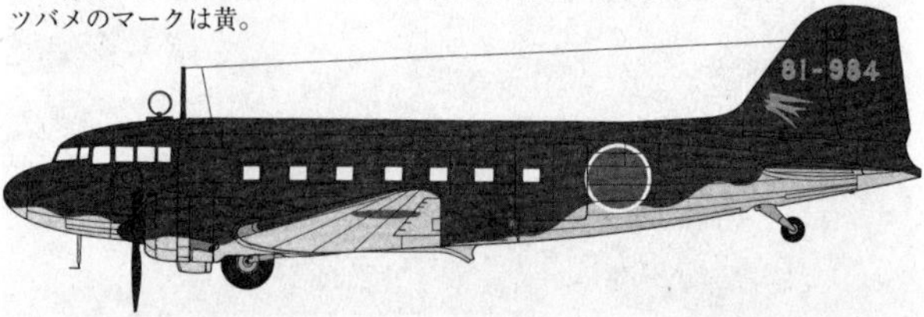

▲〔上２枚〕大村基地エプロンの片隅に駐機したまま敗戦となり、進駐してきたアメリカ軍（海兵隊員？）のメカニックたちにより整備される、もと横須賀航空隊所属の二式練習用飛行艇“ヨ-21”号機。国籍標識、マーキングはそのままだが、艇首横には、アメリカ軍の登録記号“T-25”がステンシルされており、徴用するつもりで整備中のようだ。本機は、状況逼迫した九州方面の哨戒を補佐するため、はるばる横須賀から派遣されたのだろうか？

二式練習用飛行艇 元横須賀海軍航空隊 昭和20年９月 長崎県/大村
上面暗緑色、下面灰色、艦首、発動機カウリングはツヤ消し黒、各日の丸は細い白フチ付き、尾翼の部隊符号/機番号は白。

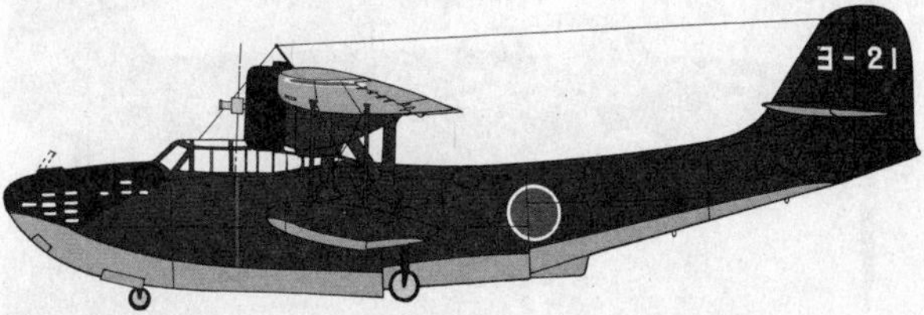

▲〔上２枚〕もはや、日本海軍戦闘機隊はとうの昔に凋落し、何ら恐れるに足らずと思い込んでいた、アメリカ海軍機動部隊艦載機群を相手に、たった１回だけにせよ勇戦敢闘した紫電改は、彼らに強烈な印象を与えた。そのため、大村基地にて、ほとんど無傷の紫電改数十機を接収したアメリカ軍は、それらの中から、とくに程度良好な機体６機を抽出させ、旧三四三空所属の搭乗員を召集し、本国に搬送するための船積地、神奈川県・横須賀市の、旧海軍追浜基地までの空輸を命じた。写真は、その空輸当日の昭和20年10月16日朝、大村基地に並んだ６機の紫電改が発進前に発動機を始動したところ。アメリカ軍国籍標識さえなければ、戦時中の出撃シーンと何ら変わりがないように見える。

局戦『紫電』二一甲型 元第三四三海軍航空隊［二代目・剣］
昭和20年10月16日 長崎県/大村

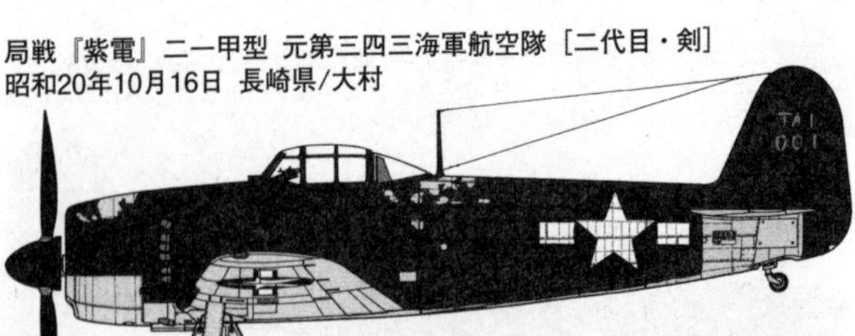

上面暗緑色、下面無塗装ジュラルミン地肌、スピナーは暗緑色、プロペラはこげ茶色、アメリカ軍国籍標識は６ヵ所に記入、尾翼の“TAI-001”は黄。

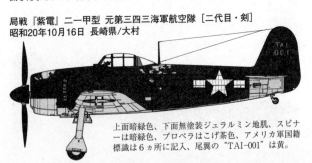

▲大村基地の“海鷲”たちの最期。手前に、胴体の羽布張りをすべて剥がされた、もと三五二空の九〇式機作練、左の柱の陰に、もと三四三空の零式練戦一一型、その向こうに、P.175下に掲載した海上護衛総隊隷下部隊の二式中練が、なんとか原形をとどめている。しかし、後方には、すでに焼却処分され、その際に焼け残った部分の、各種残骸がゴミ屑のように集積されている。

▶トラックに積まれたドラム缶からホースを伸ばし、焼却処分のためガソリンを振りかけられる、零式輸送機二二型。グリーン・クロス・フライトで使われた機体で、全面を白色に塗っている。後方に、もと三四三空の紫電改が見える。昭和20年10月31日、大村基地での撮影。

▼中写真のあとに続くシーンで、一列に並べられた、もと三四三空の紫電改群が、右から順につぎつぎと燃え移って炎上し、処分されるところ。画面左下には、中写真の零式輸送機が、紫電改群と対面するように置き直され、“送葬機”の役を演じているようだ。こうして、旧日本海軍最後の精鋭戦闘機隊、三四三空と紫電改は完全にこの世から消え去った。

▲〔上２枚〕長崎県の佐世保基地に進駐してきた、アメリカ海兵隊第２師団により接収された、もと第九五一航空隊所属の水上戦闘機『強風』一一型。欧米に類似の機体がなかった水上戦闘機は、彼らにとって奇妙な機種に思えたに違いない。もっとも、敗戦当時、すでに水上戦闘機の存在価値は、とうの昔に失われていたが……。

▲佐世保基地の格納庫に収納されたまま、アメリカ海兵隊第２師団の兵士たちによって接収された、水上偵察機『瑞雲』一一型。よほど珍しいとみえて、兵士たちが機体によじ登り、各部を眺めている。佐世保基地は、水上機装備の佐世保航空隊が配備された、海軍で２番目に古い歴史をもつ基地だった。

▼これも、佐世保基地格納庫内のアメリカ軍接収機群。後方の機体も含め、すべて水上機で、手前は、もと第九〇一航空隊所属の零式水偵一一甲型“KEA-222”号機。洋上哨戒用の電・探（レーダー）装備機で、右主翼前縁に八木式アンテナを付け、垂直尾翼には、部隊符号/機番号に重なって、電・探装備機を示す、赤い斜帯を記入している。

▲敗戦と同時にプロペラを取り外され、武装解除された、佐世保基地内の零式観測機一一型。当時、水上機そのものの存在価値は、きわめて低くなっていたが、対潜哨戒任務など、敵航空機の脅威が少ない場面では、まだ、それなりに使い道はあった。

▶上写真と同じ、佐世保基地の格納庫脇に駐機中、敗戦を迎え、アメリカ軍に接収された、もと第九五一航空隊佐世保派遣隊所属の零式観測機一一型。上写真の機体もそうだが、左側機のフロート支柱横に、２本の細い支柱が追加してあり、その上方の特設爆弾架からみて、対潜用二五番（250kg）爆弾を懸吊可能にしたものらしい。

零式観測機一一型 元第九五一海軍航空隊
昭和20年８月 長崎県/佐世保

上面暗緑色、下面灰色、スピナーは暗緑色、プロペラは表面無塗装、裏面ツヤ消しこげ茶色、各日の丸は白フチ無し（ただし、胴体のそれは塗り潰しの暗緑色が剥離して、一部が露出）、尾翼の部隊符号/機番号、“サ”は黄。

▲佐世保基地にて接収された、各種水上機群の最期。ブルドーザーで1ヵ所に押しやられ、これからガソリンを振りかけて焼却される。右方に水戦『強風』、左方に零式水偵が各3機ずつ見える。

▼熊本県の天草諸島で最も大きい、下島の西岸に位置した、天草水上機基地格納庫内にて、アメリカ軍に接収された、もと天草航空隊所属の九五式水偵。昭和10年制式採用の古典機だが、敗戦当時も現役にあったらしい。

九五式水偵 元天草海軍航空隊 昭和20年10月 熊本県/天草・下島

上面暗緑色、下面灰色、カウリングはツヤ消し黒、各日の丸は白フチ無し、文字類は白。

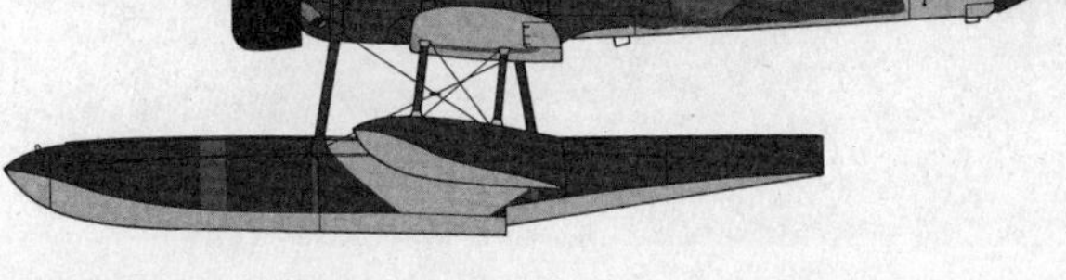

▲陸軍管轄下の、熊本県・健軍飛行場にて敗戦を迎え、アメリカ軍命令による処分を待つ、艦爆『彗星』一二戊型夜間戦闘機。外観上、とくに大きな損傷らしき部分は見当たらず、最後まで現役にあった機体のようだ。尾翼記号が消されているので、もとの所属は明らかではないが、本機を多数装備して、沖縄のアメリカ軍基地に対する夜間攻撃に奮闘した、第一三一航空隊、通称“芙蓉部隊”機の可能性が高い。画面右は、陸軍の九七式戦。

▼これも、健軍飛行場にて敗戦を迎えた、零式輸送機一一型。方向舵、主翼端などが外されている。この機体は、操縦室の後方に記入された、“棕”の固有機名称が示すように、民間の大日本航空所有機を徴庸したもので、正しくは“D二号型輸送機”と呼ぶべきかもしれない。

▼九州のいずれの飛行場か断定しかねるが、健軍、もしくは鹿児島県の岩川基地と思われる一週で敗戦を迎え、プロペラ、機銃類を外して、アメリカ軍に接収された零戦五二丙型。主脚覆が外れ、車輪がパンクしているが、損傷程度は軽い。岩川基地での撮影ならば、もと第一三一航空隊機に違いない。

▼福岡県の雁ノ巣飛行場（陸軍管轄）に、敗残の姿をとどめる、旧陸、海軍機。手前の２機は、朝鮮の元山から移動してきた、もと元山航空隊（二代目）所属の零式練戦一一型で、左側は“ゲン−37”、右側は“ゲン−19”号機。右遠方にひと塊になっているのは、陸軍の九九式双軽爆。

▲博多湾に面した、福岡県北部の海岸に擱座、あるいは転覆したままの、無残な状況で敗戦を迎えた零式水上偵察機一一型。これらは、P.155上写真の三式戦と同様、敗戦後に襲来した台風により、このような状態になった。この海岸では、他にも零式観測機、水戦『強風』、二式水戦なども同じような台風被害にあっている。

零式練戦一一型 元元山海軍航空隊［二代目］
昭和20年10月 福岡県/雁ノ巣

上面暗緑色、下面灰色、スピナーは暗緑色、プロペラはこげ茶色、カウリングはツヤ消し黒、主翼上面、胴体日の丸は白フチ付き、
尾翼の部隊符号/機番号は黄。

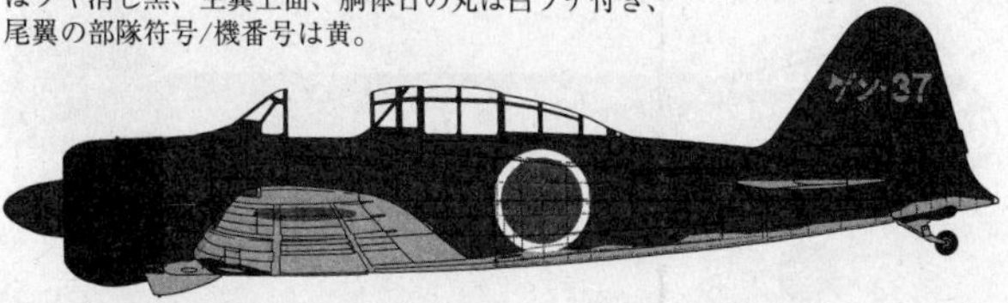

◀P.157に掲載した三式戦などの陸軍機とともに、済州島の飛行場にて敗戦を迎え、アメリカ軍兵士たちの臨検をうける、陸上哨戒機『東海』一一型。旧海軍整備兵も立ち会っている。

▼これも、アメリカ軍に接収された『東海』一一型だが、場所は福岡県の西戸崎飛行場で、飛行可能なコンディションに整備され、のちに本国へ搬送された機体と思われる。アメリカ軍国籍標識も、ていねいに描き込まれている。

陸上哨戒機『東海』一一型 元の所属部隊不詳
昭和20年11月 福岡県/西戸崎

上面暗緑色、下面灰色、スピナー、プロペラはこげ茶色、アメリカ軍国籍標識は4ヵ所に記入、胴体のそれは、日の丸標識が一部見えるように、もしくは別色による塗り潰し跡に重ね書きしてある。

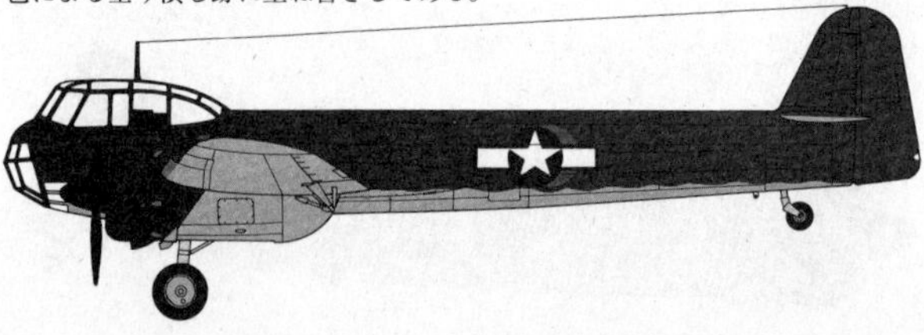

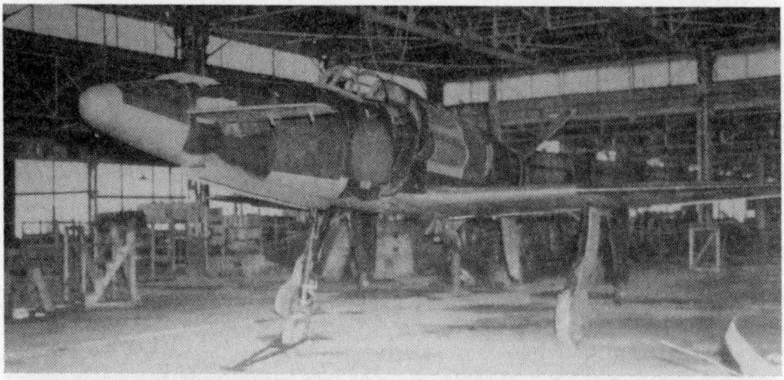

〔このページ３枚〕旧日本海軍が、プロペラ戦闘機の最後を飾る機体として、また、対Ｂ−29用迎撃戦闘機の切り札にするべく、全力をあげて九州飛行機㈱に試作させていた局戦『震電』は、残念ながら、１号機がわずか３回の試飛行を行なっただけで敗戦となり、すべての努力は水泡に帰した。その１号機は、敗戦を嘆いた工員により、操縦室などが破壊されていたが、接収したアメリカ軍は、ひととおりの修復を命じ、それが完了したのを待って本国に搬送した。このページ上段は、九州飛行機㈱工場に近い、福岡県の蓆田飛行場の格納庫で、修理完了したところ。中、下段は、塗装も済んでエプロンに引き出されたところである。エンテ（前翼）型という、他に類のない斬新な形態は、接収したアメリカ軍をも驚嘆させた。

▲西日本における海軍の重要基地、山口県・岩国基地にて敗戦となり、進駐してきたアメリカ軍海兵隊に接収された、もと第一三一海軍航空隊、通称“芙蓉部隊”所属の、艦攻『天山』一二型“131-57”号機。零夜戦、彗星夜戦を主力装備とした一三一空だが、天山装備の攻撃第二五四、二五六飛行隊も隷属していた。

▼川西航空機㈱の生産工場だった、兵庫県の姫路工場にて、アメリカ軍に接収された、局戦『紫電』一一型。胴体のアメリカ軍国籍標識の脇に、小さく記入された“41”の数字は、製造番号の末尾２桁と思われ、アメリカ軍の記録に残る、姫路工場での接収機３機のうちの１機のそれと符合する。

艦攻『天山』一二型 元第一三一海軍航空隊攻撃第二五六飛行隊
昭和20年10月 山口県/岩国

上面暗緑色、下面無塗装ジュラルミン地肌、機首部はツヤ消し黒、スピナー、プロペラはこげ茶色、各日の丸は白フチなし、カウリング先端、尾翼の部隊符号/機番号は黄。

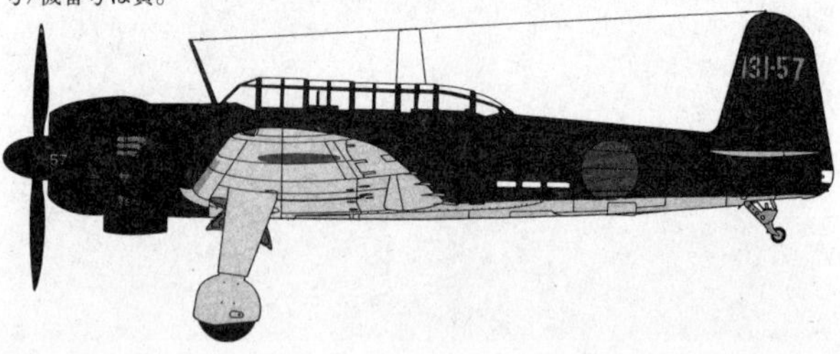

▲瀬戸内海に面した、香川県の詫間基地に駐機されたまま敗戦となり、プロペラをすべて取り外した状態で、アメリカ軍に接収された、もと詫間航空隊所属の九七式飛行艇二二、または二三型。詫間空は、水上機、飛行艇搭乗員の錬成部隊であったが、昭和20年４月には実戦任務も課せられ、二式飛行艇による夜間哨戒、索敵などに従事した。

▼競馬場をつぶして造成した、兵庫県の鳴尾（なるお）基地にて敗戦を迎え、プロペラを取り外して、アメリカ軍の接収を待つ、もと第三三二航空隊所属の零戦五二丙型。三三二空は、三〇二、三五二空とともに、海軍が要地防空用に編成した部隊のひとつで、鳴尾をベースに、阪神地区の防空任務を担当した。零戦、雷電、月光を併用していた。

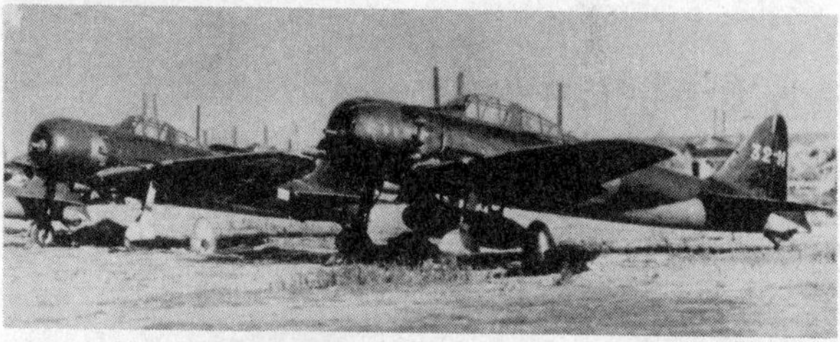

零戦五二丙型（中島製）元第三三二海軍航空隊
昭和20年８月　兵庫県/鳴尾

上面暗緑色、下面灰色、スピナーも暗緑色、プロペラはこげ茶色、各日の丸は白フチ無し、尾翼の部隊符号/機番号は黄。

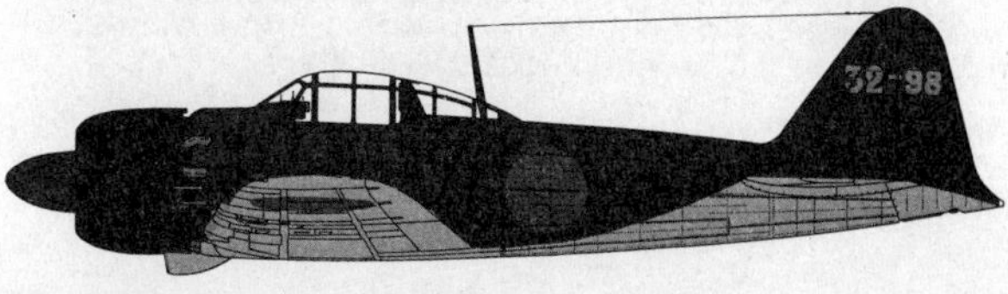

▲〔上２枚〕琵琶湖畔の、滋賀県・大津水上機基地における、敗戦後の、アメリカ軍による機材処分風景。上段写真では、エプロン上に、発動機を取り外された、“首無し”状態の九三式水上中間練習機が並び、水辺では、水偵『瑞雲』が、フロートに穴を開けられ、半分ほど水没している。下段写真は、エプロン上の別の場所に置かれた九四式二号水偵が、プロペラを外され侘しく処分を待っている。瑞雲を除き、いずれも旧大津航空隊の所属機。

▼これも、大和基地における、処分待ちの陸爆『銀河』一一型。すでに、後方列の機体は焼却済みで、焼け残った発動機とプロペラが転がっている。これらの銀河は、もと第七〇六航空隊攻撃第四〇五飛行隊所属機だった。七〇六空は、マリアナ諸島のB-29基地に対し、決死の“闇討ち”をかける、いわゆる『剣号』作戦を予定していたことで知られている。

▲敗戦後、アメリカ陸軍第98歩兵師団の進駐・管轄となった、奈良県の旧海軍大和基地にて、焼却・スクラップ処分を待つ、もと第六〇一航空隊戦闘第三〇八飛行隊所属の、零戦五二型群。当時、六〇一空は戦闘三〇八が約50機、三重県・鈴鹿基地の戦闘三一〇が約80機の零戦を保有しており、中日本で最有力の戦闘機隊と目されていた。

陸爆『銀河』一一型 元第七〇六海軍航空隊
昭和20年９月 奈良県/大和
上面暗緑色、下面無塗装ジュラルミン地肌、発動機ナセル前半はツヤ消し黒、スピナー、プロペラはこげ茶色、各日の丸は白フチ無し、
尾翼の部隊符号/機番号は黄。

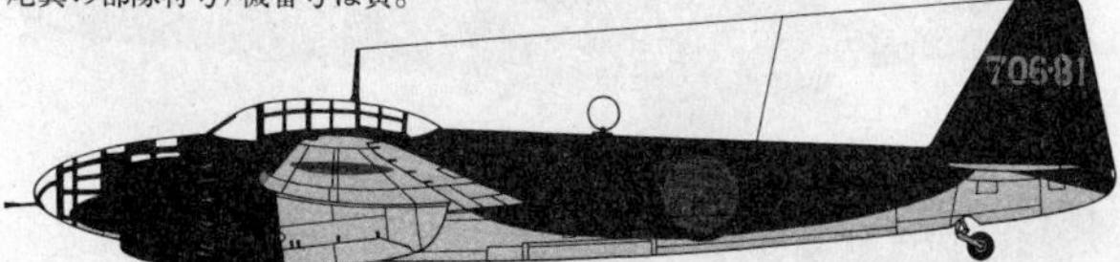

▼こちらは、名古屋市の永徳に所在した、愛知航空機㈱工場内にて、空襲による損傷を修理中に敗戦を迎え、アメリカ軍に接収された、特殊攻撃機『晴嵐』。潜水艦搭載の奇襲攻撃機という、世界に例のない構想により誕生した本機を見て、接収したアメリカ軍も驚いたに違いない。

▲名古屋市港区大江町に所在した、三菱重工業㈱名古屋航空機製作所第五工場内にて、敗戦時に完成していた、ジェット版特別攻撃機『桜花』二二型。ただし、三菱工場では桜花の生産は行なっておらず、近くの愛知航空機工場から運び込まれたものと思われる。

特殊攻撃機『晴嵐』愛知航空機㈱・永徳工場
昭和20年10月頃 愛知県/名古屋
上面暗緑色、下面橙黄色、スピナーも暗緑色、プロペラはこげ茶色、各日の丸は細い白フチ付き。

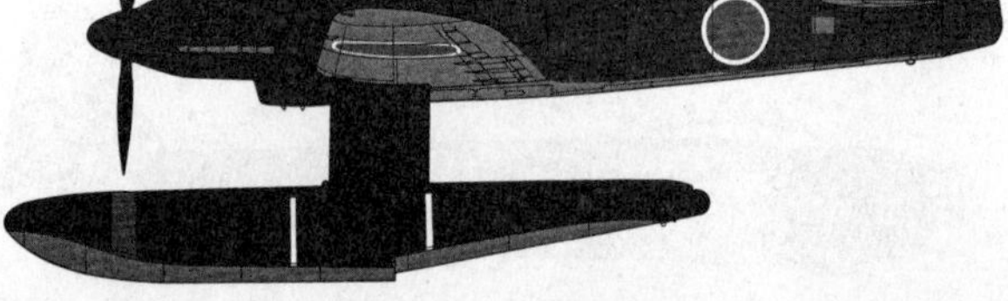

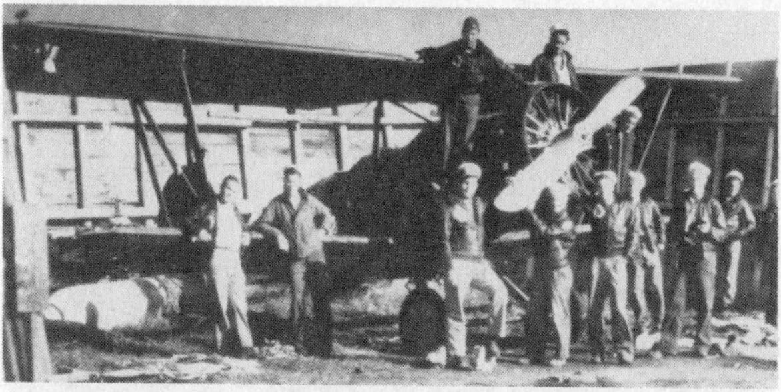

〔このページ3枚〕撮影場所が定かでないが、関東以西の基地で敗戦を迎え、アメリカ軍に接収された海軍機。上段は、九三式中練を背に、勝ち誇ったようなアメリカ軍兵士のスナップ、中段は、尾翼に“3-28”の部隊符号/機番号を記入した、機上作業練習機『白菊』一一型を臨検するアメリカ軍兵士。すでに、主翼の日の丸標識部分の外皮は、“戦利品漁り”の兵士たちによって、むしり取られている。下段は、対空偽装用ネットの下に駐機中だった、零式練戦一一型。

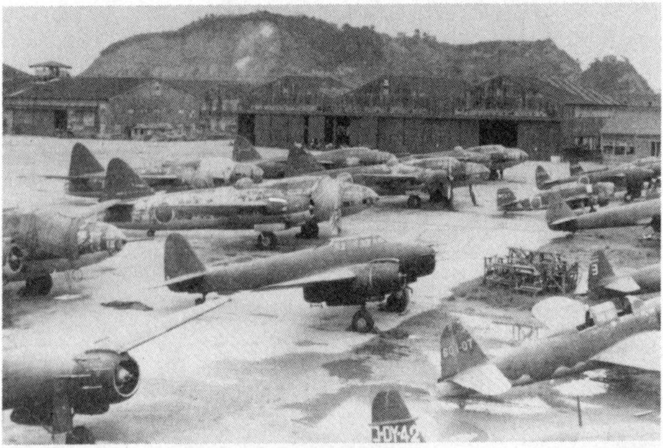

▲▶海軍航空の総本山ともいうべき、神奈川県の横須賀（追浜）基地で敗戦を迎えた、海軍機各種。一式陸攻、月光、彗星、天雷、彩雲の姿が確認できる。

夜戦『月光』一一甲型 元横須賀海軍航空隊
昭和20年10月 神奈川県/横須賀

全面暗緑色、発動機カウリングはツヤ消し黒、スピナー、プロペラはこげ茶色、各日の丸は白フチ無し、尾翼の部隊符号/機番号は赤。

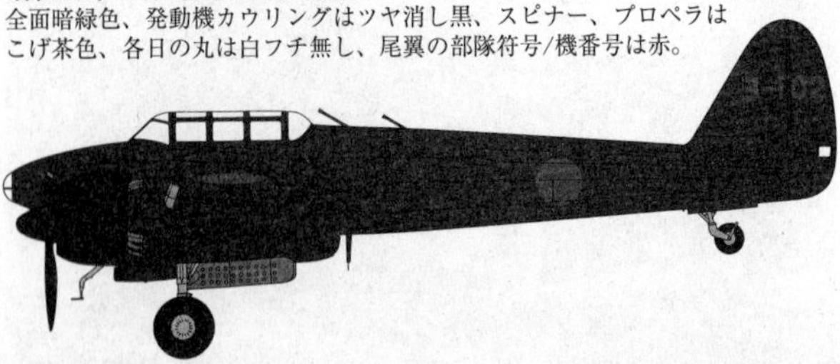

▼横須賀基地に隣接する、第一海軍技術廠（旧海軍航空技術廠）の生産工場にて、未完成のまま敗戦を迎えた、特別攻撃機『桜花』二二型（手前）、および陸上偵察機『景雲』（中央奥）。景雲は、海軍みずからが設計した意欲作だったが、ジェット化してのみ価値ありと判定され、研究機として製作中だった。

▲前ページ上写真とは、反対方向にカメラを向けて撮った、横須賀（追浜）基地の一式陸攻群。一部、『剣号』作戦に使われる予定の、七〇六空所属機も含まれているが、大半は、横須賀航空隊所属機。画面中央と左端の機は、最終生産型の三四型である。

一式陸攻三四型　元横須賀海軍航空隊
昭和20年10月　神奈川県/横須賀（追浜）
上面暗緑色、下面無塗装ジュラルミン地肌、スピナー、プロペラはこげ茶色、主翼上面、胴体日の丸は白フチ付き、尾翼の帯、部隊符号/機番号は赤。

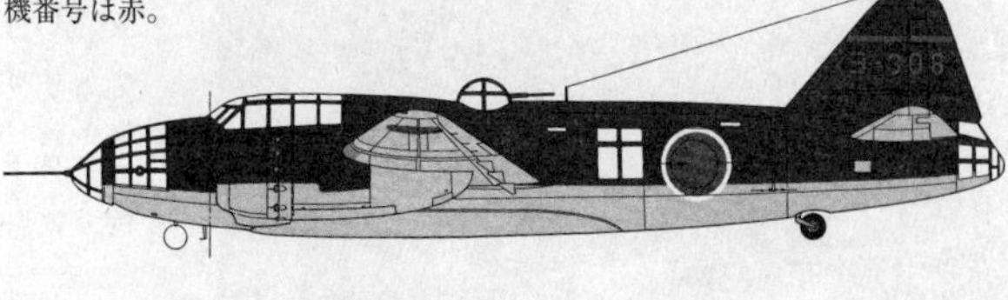

▲アメリカ軍国籍標識を記入し、旧日本海軍搭乗員の操縦により、山口県の岩国基地から、船積み地の横須賀基地まで空輸されてきた、もと第三三二航空隊所属の局戦『雷電』三三型。本機がアメリカ本国へ搬送される対象になったのは、おそらく、主翼内武装として、五式三十粍機銃を装備していたためであろう。同機銃は、敗戦わずか3ヵ月前の20年5月に、ようやく制式兵器として採用されたばかりの、“稀少火器”だった。

▲アメリカ本国に搬送するため、横須賀基地に集められた各種陸海軍機中の1機、艦攻『流星』。日本機ばなれした、逆ガル型の主翼が特徴である。迫力では負けるが、アメリカ海軍の大傑作機、ダグラスADスカイレーダーと構想を同じくする、新時代の艦上攻撃機だった。

◀房総半島の南端に近い、千葉県の館山基地は、アメリカ陸軍第8軍隷下部隊によって接収された。写真は、格納庫と、その傍に駐機中の2機の零式水偵一一型。もと館山空の所属機。

▲規模の大きさでは、海軍航空基地のなかで五指に入る、千葉県・木更津基地の敗戦後の状況。大きな格納庫が4棟並ぶ前のエプロン上に、様々な機体がうち捨てられている。画面左から彩雲、零戦、彩雲、雷電、銀河、流星が確認でき、手前右には、彩雲のものと思われる『誉』発動機が転がっている。格納庫内にも、多数の機体が認められ、左端の最前列は紫電のようである。

▼これも、木更津基地格納庫前の機体で、神奈川県の厚木基地から飛来し、そのまま敗戦を迎えた、もと第三〇二航空隊所属の夜戦『月光』一一型“ヨD-175”号機。接収したアメリカ軍の兵士の1人が、翼上に立って得意気にポーズをとっている。

▼こちらは、木更津基地の、別の格納庫前エプロンに駐機中に敗戦を迎えた、各種海軍機。手前の２機は、もと七〇六空の銀河一一型、その向こうは零式輸送機二二型、前方には、グリーン・クロス・フライト用の、白ムクの零式輸送機２機と、一式陸攻、または一式陸上輸送機１機、それに挟まれて、『白菊』『流星』各１機も望見できる。銀河の前に、外されたプロペラが置いてある。

▲前ページ上写真の、左から２、３番目の格納庫内と思われる場所で、プロペラを外して武装解除されていた、陸爆『銀河』一一型群。いずれも、部隊配属される前の新品機で、群馬県の小泉に所在した第一軍需工廠（旧中島飛行機）にて生産され、艤装品を取り付けるために、木更津に空輸されてきた機体である。各機とも電・探を搭載し、機首、後部胴体側面に、そのアンテナを付けている。

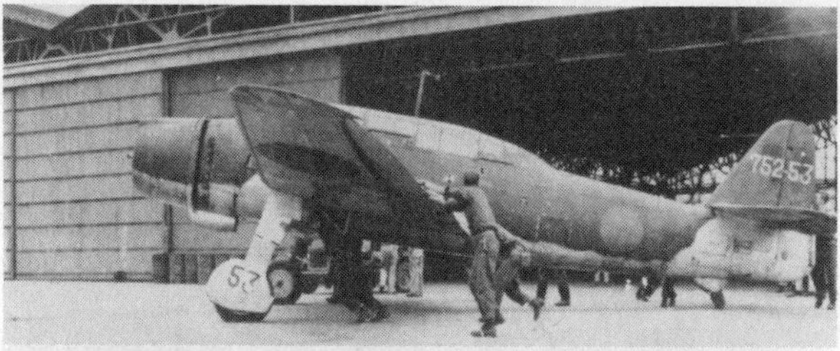

▲〔上２枚〕これも木更津基地でのアメリカ軍接収機、もと第七五二航空隊攻撃第五飛行隊所属の、艦攻『流星』。上段写真は“752–53”、下段写真は“752–57”号機、前者は、処分のため格納庫内から兵士たちに押されて引き出されるところ、後者は、調査、テスト対象機となり、プロペラを再装着、胴体には星のマークを記入し、横須賀（追浜）基地に空輸される際の撮影。わずか、110機足らずの生産数にとどまった流星を、飛行隊単位で装備、実戦投入したのは、第五飛行隊のみであった。

艦攻『流星』元第七五二海軍航空隊攻撃第五飛行隊
昭和20年10月 千葉県/木更津

上面暗緑色、下面無塗装ジュラルミン地肌、スピナーも暗緑色、プロペラはこげ茶色、主翼上面、胴体左右には、通常のアメリカ軍国籍標識ではなく、濃紺色と思われる星のみを記入しているのが風変わり。主翼下面の日の丸はそのまま残されている。主脚覆の機番号“57”は赤。

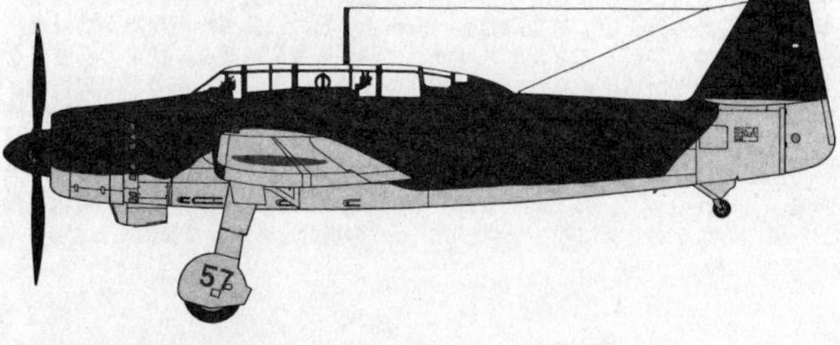

▲〔上２枚〕帝都防空の重責を担い、海軍最強の戦闘機隊を自負した、神奈川県・厚木基地の第三〇二航空隊にも、敗戦、そして武装解除の現実が訪れた。２枚の写真は、進駐してきたアメリカ軍に飛行場を明け渡し、使用の邪魔にならぬよう、一ヵ所に集められて処分を待つ各種機体。三〇二空の主力装備機は雷電と月光であったが、零戦、銀河、彗星、彩雲なども一定数ずつ保有していた。上段写真の手前は、各機から取り外されたプロペラだが、みな裏返しに置いてあるのは、取付金具部を早く錆び付かせ、二度と使用できなくするためである。というのも、三〇二空は敗戦を不服として徹底抗戦を叫び、一週間も武装解除に応じなかったいきさつがあり、万一の場合を考慮した措置だった。

▲〔上２枚〕厚木基地・三〇二空の主力装備機だった、局戦『雷電』二一型。速度は確かに速いが、零戦と同じ設計チームが造った機体とは思えぬほどクセが強く、多くの搭乗員から“殺人機”とまで言われ、忌み嫌われた雷電だったが、現実に、B-29に太刀打ちできる海軍戦闘機は、本機をおいて他になく、三〇二空は、それなりに使いこなして一定の戦果をあげた。上段写真は、ぶ厚いコンクリート製掩体の脇で、尾部を高くして、機銃弾道調整中に敗戦となった機体。下段写真は、一ヵ所に集められ、“処分執行”を待つところ。手前機は“ヨ D-155”号機。

局戦『雷電』二一型 元第三〇二海軍航空隊
昭和20年10月 神奈川県/厚木

上面暗緑色（スピナーも含む）、下面灰色、プロペラはこげ茶色、機首上面はツヤ消し黒、主翼上面、胴体日の丸は白フチ付き、尾翼の文字類は白。

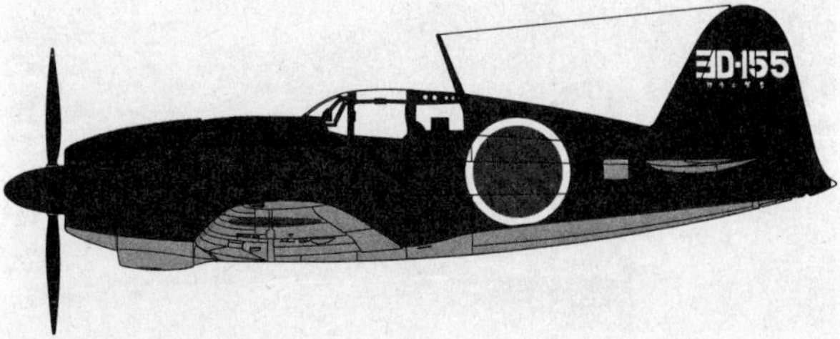

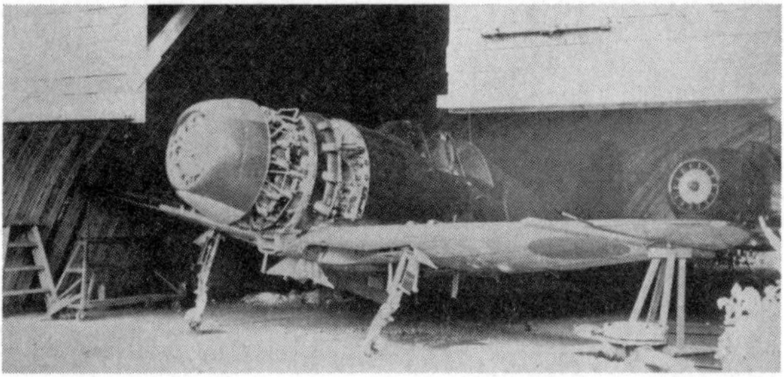

▼完成後、厚木基地に並べられ、部隊配備を待つあいだに敗戦を迎えた、高座工廠製の雷電二一型。同工廠の工員の大半は、徴庸された台湾出身の少年たちで、これらの雷電も“粗製濫造”の傾向があり、搭乗員たちからは敬遠されたといわれる。

▲厚木基地に隣接した高座海軍工廠の、粗末な木造カマボコ型生産施設にて、組み立て中に敗戦を迎えた雷電二一型。当時、三菱では『烈風』の量産に全力を傾けており、雷電は三重県の鈴鹿工場にて、三三型を細々とつくっているのみであった。

▼増設された、骨組みだけの格納庫前で、プロペラを外して処分されるのを待つ、厚木基地の各種海軍機。手前の一群は、中古の零戦二一型で、敗戦後に徹底抗戦を叫んだ三〇二空の隊員が、各地の飛行場に檄文をバラ撒きに行った際、かき集めてきたものと思われる。左奥の、縞状迷彩機は輸送部隊所属の九六式陸攻。

▲〔上２枚〕厚木基地にてアメリカ軍に接収された、九六式陸攻二二、または二三型。もちろん、敗戦当時はすでに本機の攻撃機としての命脈は尽きており、洋上哨戒、輸送、連絡機などとして使われていた。上段写真は、尾翼記号“ヨE900”からして、もと第一〇八一航空隊所属の輸送用機として、下段写真は、同“ヨG-375”からして、同第九〇三航空隊所属の洋上哨戒機として、それぞれ使われていた。

九六式陸攻二三型 元第九〇三海軍航空隊
昭和20年10月 神奈川県/厚木
上面暗緑色、下面無塗装ジュラルミン地肌、発動機カウリングはツヤ消し黒、スピナー、プロペラは無塗装（プロペラ裏面はツヤ消しこげ茶色）。各日の丸は白フチ無しだが、胴体のそれは、塗り潰した暗緑色が剥離し、フチが露出している。胴体帯は黄、尾翼の斜帯は黄フチどりの赤、部隊符号/機番号は白。

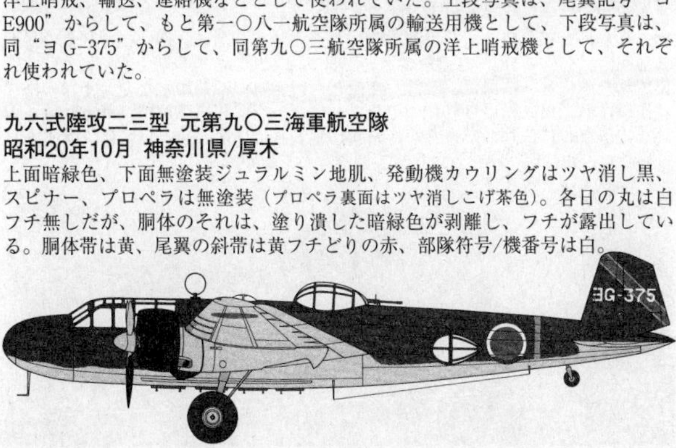

▲零戦や雷電など、もと三〇二空所属機に混じり、厚木基地の“処分”エリアに並べられた艦攻『天山』一二型。尾翼記号が消されているので、もとの所属は不明だが、おそらく敗戦の前後に他基地から飛来したのだろう。

▼これも、厚木基地の一週に敗残の姿をとどめる、もと第七六二航空隊所属の陸爆『銀河』一一型。不時着によるものか、プロペラが曲がり、カウリング、主翼前縁パネルなども取り外され、機首、風防などにも損傷がみられる。右後方は『深山改』4号機。

▼これも、上写真奥と同じ『深山改』だが、こちらは3号機。アメリカの民間旅客機、ダグラスDC-4E型を参考に、日本海軍最初の四発陸上攻撃機として開発された本機も、結局は、設計、性能ともに劣悪で不採用となり、4機の増加試作機は輸送機に転用された。そして一〇二一空に配属されて、南方戦域への兵器輸送などに使われていたが、昭和19年8月で使用中止、以後は、厚木基地に移され、相模航空隊所管となって訓練などに使われた。

▲かつて、太平洋戦争緒戦期の花形として、名声を博した九九式艦爆も、戦争中期以後は、旧式化と、あまりの損害の多さから、搭乗員たちの間では“九九式棺桶”などと自嘲めいた仇名で呼ばれ、すっかり“落ち目”になっていた。そんな本機も、敗戦当時の厚木基地では、写真のように輸送機隊の一〇八一空などで、なお、細々と現役にとどまっていた。

▼厚木基地の“海鷲”たちの最期。厚木に進駐したアメリカ軍は、他の基地のような“火葬”は行なわずに、ブルドーザーで押し潰したあとは、写真のように基地内の凹地に突き落とし、上から土を被せて“土葬”にしたらしい。これらは、現在もなお、そのままになっているという噂だ。

〔このページ3枚〕東京都下・立川市の昭和飛行機㈱工場内にて、組み立て完了した直後に敗戦となり、アメリカ軍に接収された、局戦『紫電』二一甲型〝紫電改〟。本機に大きな期待をかけていた海軍は、川西航空機以外の三菱、二一空廠、昭和飛行機にも転換生産を命じていた。しかし、いずれも極く少数しか完成せず、敗戦を迎えている。昭和で完成したのは2機だけとされている。

▲第一軍需工廠（旧中島飛行機）の海軍機生産工場だった、群馬県・大川村の小泉工場にて、完成したばかりの真新しい零戦六二型が、敗戦によりプロペラを外し、主車輪タイヤをパンクされて“武装解除”したシーン。当時、零戦は旧式化したとはいえ、紫電改の数は少なく、烈風の量産は緒についたばかりとあって、三菱、第一軍需工廠の双方で、六二型を中心に生産が続いていた。

▼これも、第一軍需工廠・小泉工場におけるアメリカ軍接収機の１機で、艦攻『天山』一一型、または増加試作機。全面を試作機塗装の橙黄色（オレンジ・イエロー）に塗っており、旧中島飛行機の社内テスト機だったものと思われる。手前の３名は、接収にきたアメリカ陸軍の航空技術関係者。右後方に、“首無し”状態の零戦六二型が見える。

▲〔上２枚〕大川村・小泉の第一軍需工廠に進駐してきたアメリカ軍が、ジェット攻撃機『橘花』とともに、最も大きな関心をもって接収にあたったのが、大型四発機、陸攻『連山』であろう。旧中島飛行機の設計陣が、その英知のすべてを注ぎ込んで開発した、日本海軍最初にして最後の、本格的戦略爆撃機といえたが、残念ながら技術的に手に負えない部分が多々あり、また戦況の悪化もあって、敗戦を待たずに、20年６月をもって、連山の開発は中止に追い込まれていた。このときまでに完成していたのは計４機で、うち、飛行可能に修復できそうなのは、小泉に残っていた、写真の４号機のみだった。接収したアメリカ軍は、ただちに飛行可能とするよう、旧中島飛行機技術者に命じ、完了後、横須賀まで空輸させ、その後、船便にて本国に送った。写真上段は修復中、下段は完了後の状態。

陸攻『連山』試作第４号機 元第一軍需工廠・小泉工場
昭和20年12月 群馬県/大川村・小泉
全面橙黄色、各日の丸は細い白フチ付き、発動機カウリングは、本来ツヤ消し黒であったが、修理の際に落とされ、部分的に残るのみで、
ジュラルミン地肌になっている。

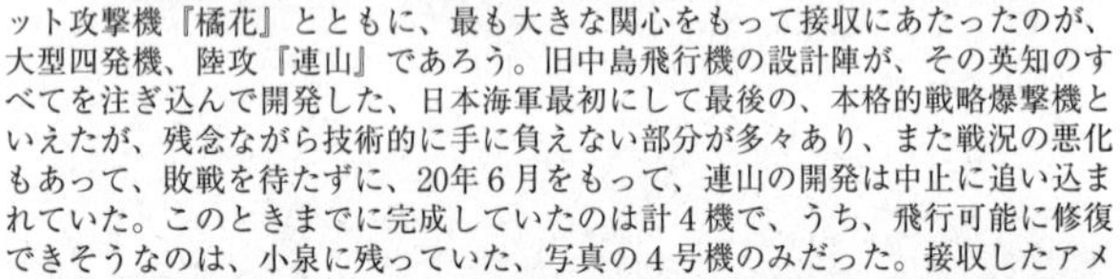

▲〔上2枚〕第一軍需工廠・小泉工場にて、ほぼ90パーセント完成状態にこぎつけたところで敗戦を迎えた、ジェット攻撃機『橘花』2号機。大戦中、日本が完成させた唯一のジェット機だけに、接収したアメリカ軍にとって、本機は最重要扱いになったことは想像に難くない。上段写真の左下では、接収にあたった、アメリカ軍側の技術関係者と思われる人物が、旧中島飛行機の担当者から、いろいろと聞き取り調査しているようである。この2号機は、その後、調査のためアメリカ本国に搬送された。上段写真の後方には、去る6月に全面開発中止となっていた、陸攻『連山』の、第6号機以降の未組み立て胴体が置いてある。

▶上写真の橘花2号機の、左側『ネ二〇』ターボジェットエンジン部分クローズ・アップ。ドイツ空軍の、BMW003の構造断面図たった一枚を参考にして造りあげた苦心作だった。

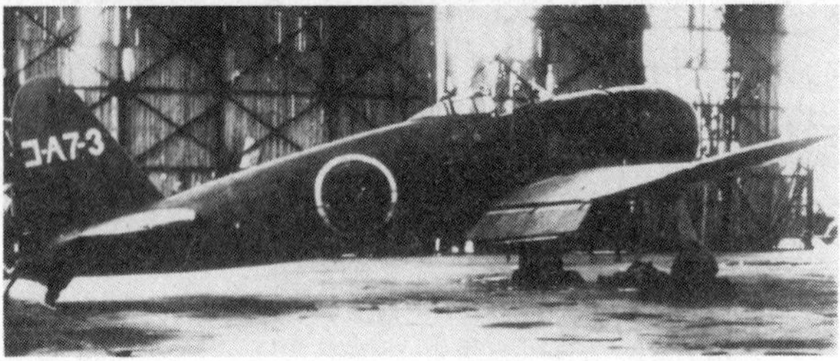

▲〔上２枚〕名にしおう零戦の、正当なる後継機として、いちどは見捨てられながら、三菱技術陣の懸命の努力によって要求性能をなんとかクリア、制式採用を勝ち取った局戦『烈風』だった。しかし、残念ながら“時間切れ”となり、量産機が完成する直前に敗戦を迎え、すべての努力は水泡に帰した。写真は、８機つくられた試作、増加試作機のうち、敗戦時に原形を保っていた唯一の機体、第４号機が、青森県・三沢基地の格納庫内で、アメリカ軍に接収された直後のスナップ。

局戦『烈風』試作第４号機 昭和20年９月 青森県/三沢
上面暗緑色、下面灰色、スピナーも暗緑色、プロペラはこげ茶色、胴体日の丸のみ白フチ付き、尾翼の記号は白。

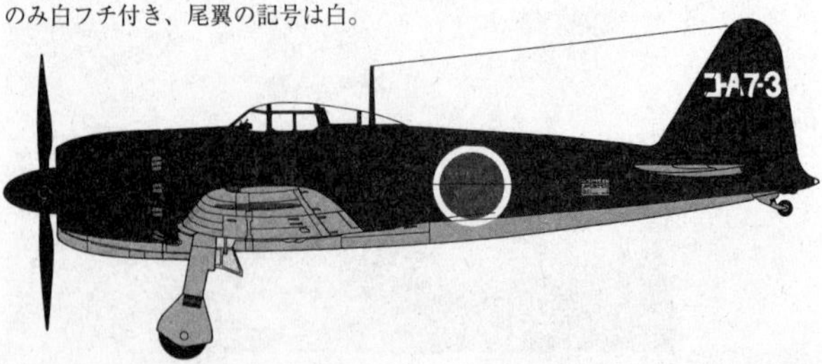

▲〔上２枚〕昭和20年２月以降、アメリカ海軍艦載機までが、日本本土上空をわがもの顔で跳梁するようになると、それまで横須賀基地で行なってきた、新型機の飛行テストなどが思うように出来なくなったことから、日本海軍は、横須賀空飛行実験部を青森県の三沢基地に移動した。そして、前掲の『烈風』などとともに、同地でテストされていた新型機の１種が『連山』である。三沢に送られたのは、試作１、２号機で、20年５月からテストを実施したが、１ヵ月後には諸般の事情から開発の全面中止が決定、７月に入って、アメリカ海軍艦載機の銃爆撃をうけ、２機とも損傷、そのまま敗戦となった。写真は２号機で、このアングルからは一見、プロペラを外されただけで損傷はないように見えるが、実際には、胴体右側後部が爆撃でひしゃげ、角度も歪んでしまって、もはや飛行不能の状態である。接収したアメリカ軍も、本機はスクラップにするしかなかった。

陸攻『連山』試作第２号機 昭和20年10月 青森県/三沢

全面橙黄色、スピナー、プロペラはこげ茶色、発動機カウリングはツヤ消し黒、各日の丸は細い白フチ付き、尾翼の記号は黒。

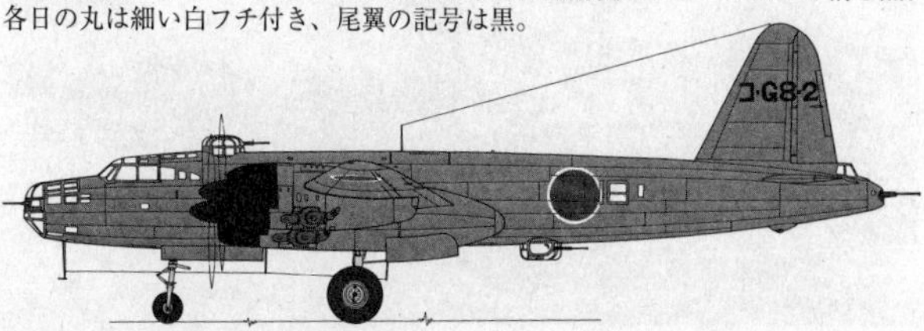

▲これも、三沢基地格納庫内のアメリカ軍接収機群で、左右に2機の一式陸攻二四型と、その間に挟まれた零戦五二丙型である。外されたプロペラは、それぞれ機体の前のドラム缶の上に置かれている。敗戦当時、三沢基地には、マリアナ諸島のB-29基地に夜襲をかける、『剣号』作戦参加予定の、七〇六空の一式陸攻などが展開していた。

▼こちらは、三沢基地の屋外に並んだまま、敗戦を迎えて“武装解除”された、第七二四航空隊所属の九九式艦爆二二型。ただし、これら各機は実戦用ではなく、七二四空は、ジェット攻撃機『橘花』を装備する、最初の部隊に予定されていたことから、その乗員訓練用に保有していたものである。結局、橘花は1機も七二四空に届かないまま終わった。

▼上写真と同じく、三沢基地の屋外接収機群のひとつ、艦（陸）爆『彗星』の列線。左手前と3機目は、夜戦型の一二戊型、2機目は一二型、4機目以降は空令型の三三、または四三型である。いずれの所属か判然としないが、横須賀空、もしくは、七五二空攻撃第一飛行隊の一部と思われる。

▲P.210に掲載した、『烈風』と同じ格納庫内に置かれていた、空技廠練習用爆撃機『明星』の試作第3号機“コ-DYK-3”。よく知られるように、九九式艦爆二二型を全木製化した機体だが、その試作目的が現状に沿わず、敗戦までにわずか7機完成したのみ。結局、労力、資材の浪費以外の何ものでもなかった。

▼北海道の水谷（第三千歳？）基地に並んだまま、敗戦により、片方のプロペラを外して武装解除、アメリカ軍に接収された陸上哨戒機『東海』一一型。同基地は、北海道周辺海域をカバーするための、東海部隊の本拠地だった。

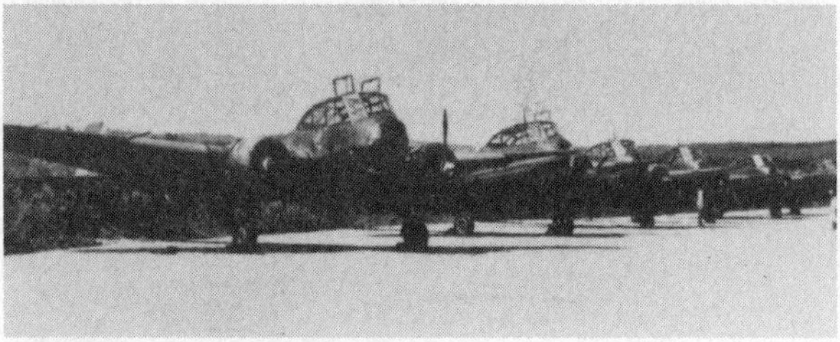

練習用爆撃機『明星』元横須賀海軍航空隊飛行実験部
昭和20年10月　青森県/三沢

上面暗緑色、下面灰色、スピナー、プロペラはこげ茶色、各日の丸は白フチ付き、尾翼の記号は白。

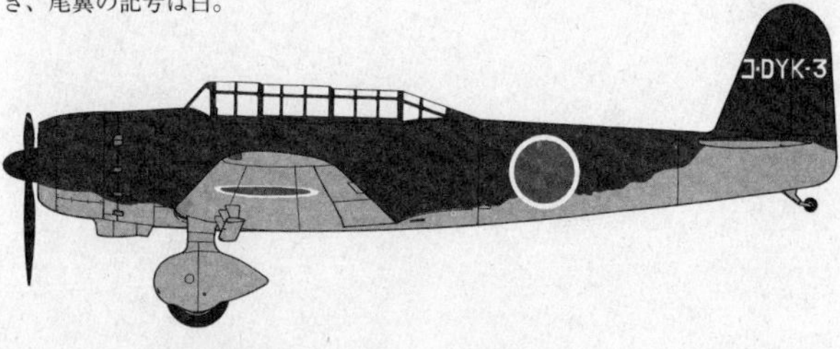

第九章　グリーン・クロス・フライト

日の丸を緑十字に変えて

昭和二〇年八月一五日、三年八ヵ月におよんだ太平洋戦争が、日本の無条件降伏という形で終結すると同時に、明治末期以来、三〇数年間にわたって営々と築き上げてきた、陸、海軍航空も、終焉のときを迎えた。

連合軍の命令により、日本の軍事目的飛行の一切が禁止され、各地に残された機体は、機種の如何を問わず、すべてプロペラを外し、あるいは車輪をパンクさせるなどして、飛行不能にすることが徹底された。

このような厳しい現実のもとで、唯一の例外は、敗戦から四日目の八月一九日、連合軍側との降伏条項署名、占領統治に関する下交渉に赴く、河辺虎四郎陸軍中将を首席とする全権団を、沖縄・伊江島まで送るために、日本側の航空機、乗員を使うことが許されたこと。

輸送機に選ばれたのは、千葉県の木更津基地で〝武装解除〟されていた、旧海軍の一式陸攻一一型、および同機の輸送機型、一式陸上輸送機の二機で、目立つよう、全面を白に塗り潰し、日の丸標識のかわりに、緑十字マークを描き込んだ。

▲旧海軍木更津基地エプロンに並ぶ、海軍のグリーン・クロス・フライト用機。左は、一式陸攻一一型、もしくは一式陸上輸送機の尾部、右は零式輸送機一一型。全面白に、緑十字マークという規定どおりの塗装。画面右奥は、進駐してきたアメリカ陸軍の、ダグラスC-54四発輸送機。

▼先の一式陸攻に続き、９月７日、２回目のグリーン・クロス・フライトとして、沖縄を訪れた、九七式重爆二型。白色塗料が不足したのか、刷毛塗りが薄く、下地の迷彩色が透けて見える。

グリーン・クロスのバリエーション

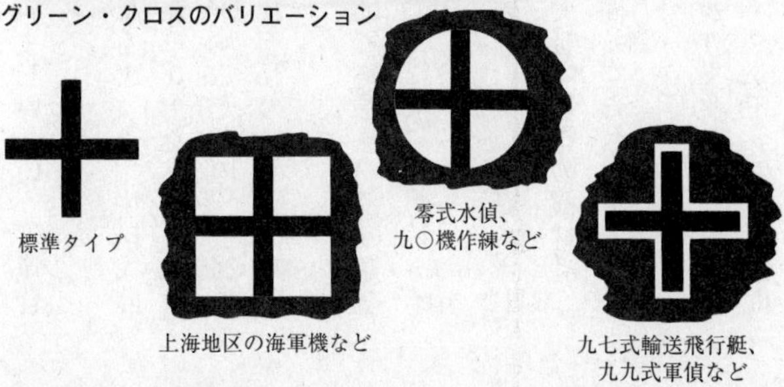

これは、日の丸の赤と、まったく正反対の色、形にするのが望ましいという、連合軍側の命令によって決定された。

この二機による飛行が、無事に終わるのと前後し、日本本土はもとより、中国大陸、東南アジア、南太平洋など、各戦地に取り残された旧日本陸、海軍兵士たちに、降伏の事実を伝達し、同時に、連合軍に対する武装解除の要領を示唆するための、連絡飛行が許可され、白塗装と緑十字マークを施した各種機体が、それぞれの目的地に向けて飛んだ。

もっとも、南方各地では塗料調達の都合もあり、全面白塗装は省略され、日の丸を白四角、もしくは白円で塗り潰し、ここに緑十字マークを描いただけの、〝簡易タイプ〟も許された。

これらの連絡飛行は、連合軍側から〝グリーン・クロス・フライト〟と呼ばれ、日本国内では、東京の羽田飛行場に、旧陸、海軍、それに民間の大日本航空の機材計二七機、および搭乗員が召集されて、定期便を運航し、戦後の民間航空らしき形態を採っていた。

しかし、占領軍の飛行業務も過密で、航空管制が難しく、事故が発生したことなどもあって、二〇年一〇月一〇日、連合軍側はグリーン・クロス・フライトの全面停止を命じ、わずか二ヵ月に満たない業務を終えた。

外地におけるグリーン・クロス・フライトも、これと前後して禁止され、日本機による飛行は、このあと民間航空再開を経て、昭和三七年八月、戦後最初の国産旅客機YS-11が初飛行するまで、じつに一七年間もの長い空白に入ることになった。

日本敗れたり！ 無条件降伏の使者を乗せて……

昭和二〇年八月一九日午前、陸軍の河辺虎四郎中将を代表とする、計一六名の降伏署名、および連合軍占領統治の準備交渉に赴く全権団は、千葉県の木更津基地から、二機の一式陸攻（うち一機は輸送機型）に便乗し、中継地の沖縄・伊江島飛行場に向かった。

沖縄に近づいた頃、二機編隊の周囲には、万一の場合に備え、アメリカ陸軍第345爆撃航空群のB-25双発爆撃機と、B-17H洋上救難機型が、エスコートの位置に付いた。

午後一二時四〇分過ぎ、二機は無事伊江島に到着して任務を完了したが、全権団は、ここからアメリカ陸軍が用意した、ダグラスC-54四発輸送機に乗り継ぎ、連合軍側最高司令官ダグラス・マッカーサー大将が滞在する、フィリピンのマニラに向かったのである。
二機の一式陸攻は、日本の戦後の始まりに深く関わり、その生涯を終えた。

◀MPが厳重に警戒するなか、伊江島飛行場に最初に着陸した、一番機一式陸攻一一型。周囲では、歴史的瞬間をひと目見ようと、アメリカ兵士が多勢とりまいている。

▲沖縄に近づいた、一式陸攻の2機編隊にピッタリと付き添う、第345爆撃航空群のB-25Jミッチェル双発爆撃機、および洋上救難機型B-17H（左遠方）。345BGは“アパッチ”の通称名を冠し、ニューギニア島からフィリピンへと転戦し、日本軍と死闘を演じてきた勇猛な部隊として有名。画面中央のはるか上方には、不測の事態に備え、P-38戦闘機もパトロールしており、このフライトが、いかに一国の今後を左右する、重要な任務であったかを示している。

▶二番機一式陸上輸送機から降り立った、降伏使節団一行。後方のＭＰたちも、珍しそうに彼らを見ている。

一式陸攻一一型 降伏使節団輸送用機
昭和20年８月19日 沖縄/伊江島
全面白、主翼上、下面、胴体両側、垂直安定板両側に、グリーン・クロス・フライト機を示す、緑十字マークを記入。

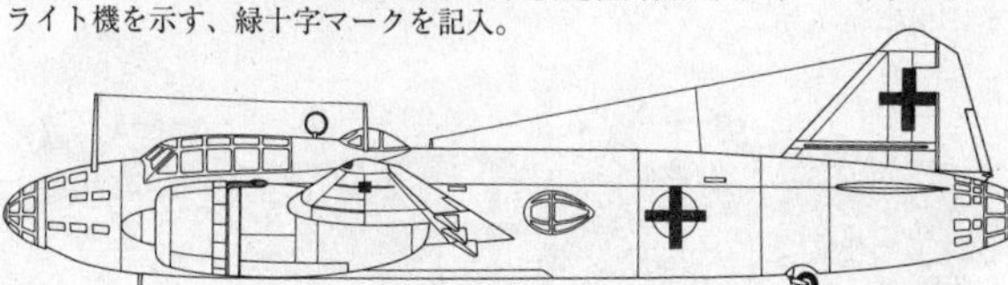

▲〔上２枚〕中国大陸の上海近郊、龍華基地で敗戦を迎えたのち、グリーン・クロス・フライト用機に充てられた、もと中支航空隊所属の零戦六二型（上段写真）および九七式艦攻一二型。零戦は、各日の丸標識を白四角地に塗り潰しているが、主翼上面には緑十字マークを記入していない。九七式艦攻は、全面を規定に従い白く塗っている。方向舵の“２”は２号機を示す。

零戦六二型 元中支海軍航空隊 昭和20年10月 中国大陸/上海・龍華

上面暗緑色、下面灰色、スピナーも暗緑色、プロペラはこげ茶色、主翼上、下面、胴体両側に、白四角地にグリーンの十字マークを記入。ただし、主翼上面のみは白四角地だけで、グリーンの十字マークは未記入。方向舵の白地は、旧機番号の塗り潰し跡。

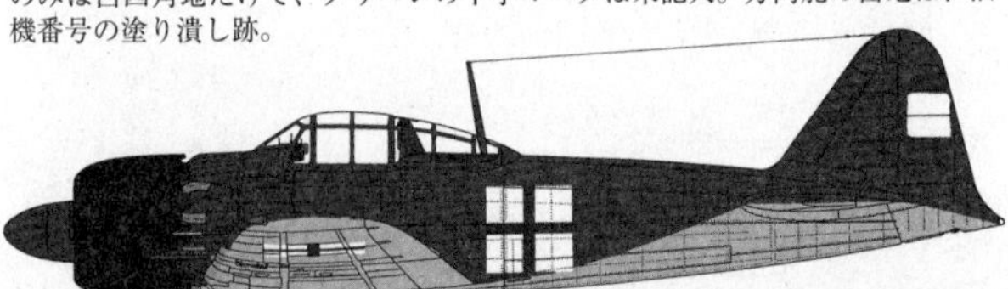

▲前ページ写真と同じく、上海の龍華基地にあって、グリーン・クロス・フライト用機となった、機上作業練習機『白菊』一一型。単発機ながら、胴体内に、操縦者を含めて５名も収容できた本機は、零戦などの戦闘機に比べれば、グリーン・クロス・フライトには便利な機体であったろう。画面上方のエプロンには、進駐してきたアメリカ陸軍の、C-46輸送機が列線を敷いている。勝者と敗者のコントラストが、鮮やかに出たショット。

▼日本の統治下にあった台湾の北部に位置する淡水の河岸に、グリーン・クロス・フライトで飛来した、九七式輸送飛行艇。艇体の後半分だけ白く塗り潰し、主翼の緑十字マークには白フチを付けるという、他の同任務機には見られない、変わった塗装・マーキングである。

▲P.222～223と同じ、上海近郊・龍華基地にて敗戦を迎えた、もと中支航空隊所属の九〇式機上作業練習機。画面内に写っている3機のうち、左手前と右奥の機体が、グリーン・クロス・フライト用機で、日の丸標識を白地/緑十字に描き変えている。しかし、写真は、その任務も停止された後の撮影で、方向舵の羽布張り外皮の一部が、切り取られるなどしている。

▲仏印（現ベトナム）のカムラン湾基地と思われる場所で敗戦を迎え、イギリス軍に接収されたのち、グリーン・クロス・フライト用機として、同地区周辺を飛行した零式水上偵察機一一型。白塗装は略し、日の丸を白円/緑十字マークに描き直したのみ。本機も含め、仏印にて接収された何機かの零式水偵は、のちに同地に進駐してきたフランス軍に引き渡され、P.134掲載写真のように、1948年頃まで制式機として使用された。

▶かつて、日本海軍が南東方面における、最大の根拠基地としたラバウル地区で、戦後のグリーン・クロス・フライトに使われた、零式水偵一一型。

▲蘭印（現インドネシア）のスマトラ島にて、グリーン・クロス・フライトに使われた、九六式陸攻（二一型か？）。もと九五一空所属機ともいわれており、マラッカ海峡方面などでの、海上護衛任務に就いていた機体であろう。全面を白に塗っている。

▼根拠基地ラバウルには、損傷機の使用可能パーツを寄せ集めて完成させた、“現地手造り”の零戦が何機かあり、敗戦当時も健在だった。写真は、そのうちの１機五二型を、連合軍の命令でオーストラリア軍に引き渡すため、ラバウルから同軍管轄基地ジャキノット（同じニューブリテン島の南岸にあった）に空輸するため、整備関係者も含めた記念スナップ。空輸中の安全を確保するため、グリーン・クロス・フライト塗装を施している。

零戦五二型 元“ラバウル航空隊”
昭和20年８月 ニューブリテン島/ラバウル

全面白、ただし刷毛塗りのためムラがあり、下地の迷彩色が部分的に透けている。スピナー、プロペラはこげ茶色のまま。主翼上、下面、胴体両側にグリーンの十字マークを記入。

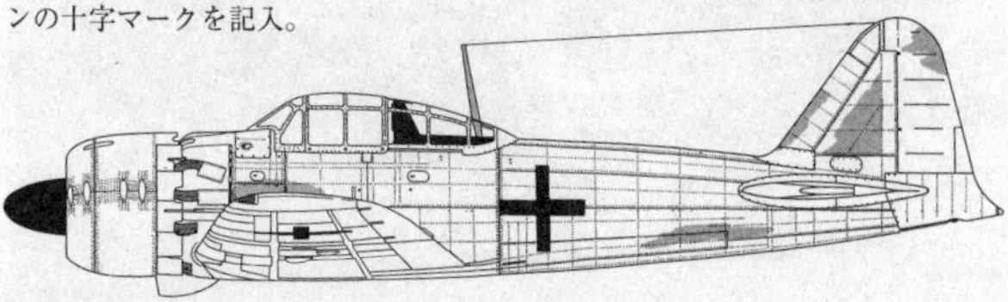

▲敗戦から11日目の昭和20年８月26日、ビルマの首都ラングーン近郊、ミンガラドン飛行場に降り立った、グリーン・クロス・フライト用MC-20-II輸送機（九七式重爆をベースにした輸送機型の民間型）の、旧陸軍搭乗員（正式には空中勤務者と称した）を、ものものしい警護でエスコートするイギリス軍兵士。東南アジア各地には、多数の陸軍部隊が残留していたので、グリーン・クロス・フライトも頻繁に実施されたようだ。

▼ボルネオ島（現カリマンタン島）で敗戦を迎え、同島各地へのグリーン・クロス・フライトに使われた、もと飛行第八三戦隊所属の九九式軍偵察機。塗装はそのままに、日の丸標識も残して、その脇に白フチ付きの緑十字マークを記入しているのが珍しい。ただし、垂直尾翼の八三戦隊マーク部分には、緑十字マークを重ね書きしてある。

第十章　異国の地に果つるも

アメリカ本国に運ばれた鹵獲機たちのその後

アリューシャン列島、ニューギニア島ブナ、サイパン島、そしてフィリピンと、戦時中に各地で鹵獲した日本軍用機のうち、飛行可能な機体は、アメリカ本国に運ばれて、陸軍、海軍の双方が、徹底的に調査、テストして報告書にまとめ、各関係機関に配布した。

現実に戦争が継続している間は、こうした鹵獲敵機の調査、テストは最重要事項であり、鹵獲機たちも大切に扱われたことは理解できる。

しかし、太平洋戦争が終結し、勝者となったアメリカが、日本本土に進駐してきて多数の軍用機を接収、その中から調査、テスト対象として抽出した計一〇〇機以上にものぼる機体の取り扱いは、戦時中の鹵獲機のそれとは、明らかに違っていた。

日本各地で抽出された、〝アメリカ行き〟の機体は、神奈川県横須賀の旧海軍追浜基地に集められ、ここからアメリカ海軍の護衛空母四隻（バーンズ、コア、ツラギ、ボーグ）に分乗して太平洋を渡った。最初に出港したのはバーンズで、計四五機を搭載し、二〇年一一月一六日に、最後のボーグは一二月二六日にそれぞれ横須賀を離れた。

これら四隻は、無事にアメリカ本土に到着したのだが、途中、荒天に遭遇した一隻が、危険を避けるために搭載機の一部を海に投棄したとも伝えられ、全部が到着したわけではないようだ。
　アメリカ西、東海岸のいくつかの港に、分割して陸揚げされたこれらの日本機は、横須賀に空輸されてからずっと野外に置

▲護衛空母『バーンズ』（CVE-20）の飛行甲板に露天繋止され、アメリカ本国に搬送される日本陸海軍機。月光、彩雲、一〇〇式司偵、九九式双軽、屠龍が確認できる。

◀『コア』飛行甲板上の飛龍と桜花四三乙型練習機（手前）。

かれ、かつまた太平洋横断中も飛行甲板に露天繋止で、風雨、塩害に晒されていたこともあって、状態はきわめて悪かった。

二式飛行艇、連山など、アメリカが高い関心を示した機体のみ、苦心して整備し、飛行可能状態までもっていったのだが、二〜三回飛んだだけでエンジンが不調となり、飛行テストは断念された。

こんな事情もあって、せっかくアメリカまで運んだものの、大半の機体は各基地内に野晒しで放置され、あるものは兵器試験場に送られ〝射的の的〟となって破壊された。

戦後数ヵ月のうちに、日本、ドイツの鹵獲機の調査は陸軍が主担当することに決まったが、戦争終結にともなう軍事予算、人員の削減は、こうした優先度の低い業務をほとんど不可能にした。

その結果、放置された日本、ドイツの鹵獲機の大半は、スクラップ場に送られ、処分されて消えたのである。それでなくとも、ジェット機と核兵器が主役となりつつあった戦後、もはや鹵獲日本機に、どれほどの調査、テスト価値があったかは知れており、スクラップ処分も仕方ないだろう。

幸い、陸軍航空軍司令官H・H・アーノルド大将のお声掛りもあって、敵味方を問わず、大戦中に活躍した主要な軍用機は、機種ごとに一機ずつ保存し、将来に伝えるべきであるとの意向で、国立航空博物館（ＮＡＭ）が設立され、その保存対象に選ばれた何機かが、幸運にも今日まで命脈を保つことができている。

現在、日本国内にも零戦、紫電改、彗星、飛燕、疾風などが、各地に分散して保存、展示されてはいるが、見学するには不便な場所が多く、一般にはその保存事実すら、ほとんど知られていないのが現実である。

その意味では、アメリカの国立航空宇宙博物館（ＮＡＳＭ――前述のＮＡＭの後身）は、日本機コレクションとしては最も充実した内容と数を誇り、航空技術遺産を自分の目で確かめるには、最適の場所といえる。

本章では、これらアメリカに渡った日本軍用機の足跡を写真で辿り、本書のエピローグとしたい。

零戦二一型 製造番号三菱第3372 元台南海軍航空隊
1943年 アメリカ本土/オハイオ州・ライトフィールド
塗装は、P.25図に示した当時と同じだが、スピナーはオリーブドラブとなり、国籍標識がアメリカ軍の1943年6～9月の間に適用された、赤フチどりタイプに変わっている。記入箇所は4ヵ所。尾翼の記号は白。

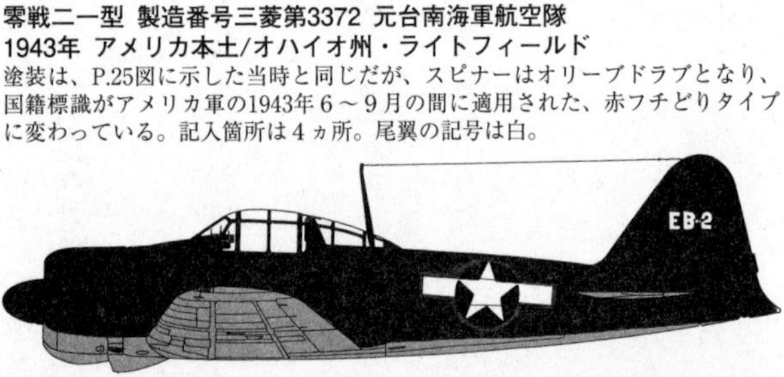

▶〔前ページ下〕アクタン島の古賀機に、半年遅れてアメリカ本土に運び込まれ、陸軍の所轄で調査、テストされた、中国大陸での鹵獲零戦二一型（もと台南航空隊所属）。“EB-2”の登録記号を付けている。本機の、その後の消息は不詳。スクラップ処分になったようだ。

▶〔前ページ上〕アメリカ西海岸のサンジエゴにて、飛行可能に修復されてから5ヵ月が経過した1943年2月、記録写真撮影のために、同地付近上空を飛行する、アリューシャン列島アクタン島の鹵獲零戦二一型。本機はアメリカ海軍の制式装備機リストに加えられ、オリジナルの製造番号4593が、そのまま登録された。すべての調査、テストを終えた本機は、その後も、試乗を希望するパイロットにより飛行していたが、1945年2月、サンジエゴの海軍基地を滑走中に、SB2C艦爆に追突されて大破、登録リストから抹消された。

▲▼オーストラリアでひととおりの調査、テストをうけたのち、アメリカ本土に搬送され、オハイオ州ライト・フィールド基地にて、さらに徹底した調査、テストをうけた、ニューギニア島ブナでの鹵獲零戦三二型。“EB-201”の登録記号を記入されている。この際の調査、テスト記録は、1944年6月12日付け、陸軍航空軍技術報告No.5115として詳細にまとめられ、各関係機関に配布された。

〔このページ２枚〕戦後数年たって、日本国内の航空雑誌に初めて掲載され、“ゼロ戦”のスタイルを最も印象強く、ファンの脳裏に焼き付けたのが、この一連の写真であろう。1944年６月、サイパン島で鹵獲され、アメリカ本土に運ばれた14機のうちの１機で、もと二六一空所属で61-120の部隊符号/機番号を記入していた五二型である。これら一連の記録写真は、ワシントンDCのアナコスチア海軍基地上空で、1945年に入って撮影されたものと思われ、アメリカ国内では、航空雑誌AVIATIONの５月号に初めて掲載された。御覧になればわかるように、この一連写真は、飛行中の様々なアングルから、大型カメラを使って鮮明に捉えており、今日に至るも、オリジナルな零戦五二型の姿を、これ以上のグレードで記録したものは、国内、外を通じて存在しない。その意味では、非常に価値の高い写真といえよう。

▲〔上２枚〕前ページの“29”号機と同じ機体で、サンジエゴに陸揚げされた直後、TAICの所轄となった状態。垂直安定板にそれを示す“TAIC 5”の登録記号を記入し、アメリカ軍国籍標識も規定どおり描いている。本機の製造番号は、中島第5357で、のちに私設航空博物館長エド・マロニー氏に払い下げられ、現在、世界で唯一の、オリジナル『栄』エンジンを搭載した飛行可能機として、貴重な存在である。ちなみに、上段写真は、かの有名な大西洋横断飛行士、チャールズ・リンドバーグ氏が試乗した際のショット。

零戦五二型 製造番号中島第5357 元第二六一海軍航空隊
1944年 アメリカ本土/カリフォルニア州・サンジエゴ
塗装はオリジナルのままの、上面暗緑色、下面灰色、スピナー、プロペラはこげ茶色、発動機カウリングはツヤ消し黒。アメリカ軍国籍標識は、左主翼上面、右主翼下面、胴体両側の４ヵ所に記入。尾翼の“TAIC 5”は白。

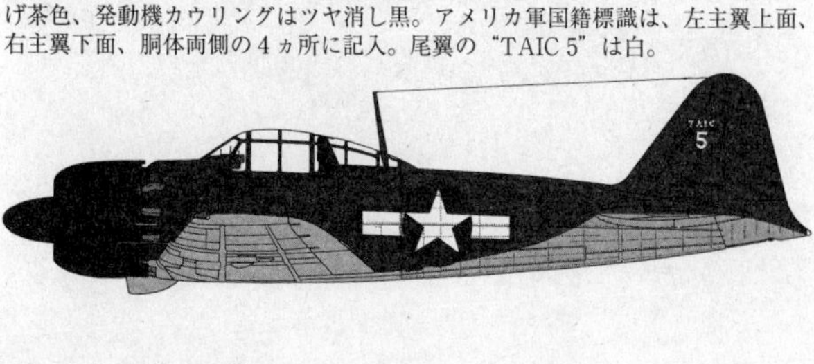

◀ワシントンDCのアナコスチア海軍基地から、テスト飛行のために、力強く離陸滑走してゆく九七式艦攻一二型。P.73に掲載した、サイパン島にて零戦といっしょに鹵獲された機体である。オリジナル塗装はすべて落とされ、アメリカ軍国籍標識を描き込んでいる。垂直安定板に記入された登録記号は、"TAIC 6"。この写真が撮られた1944年後半には、本機はすでに第一線機ではなくなっており、それほど重要な調査、テスト対象でもなかったと思われる。

〔このページ２枚〕これも、サイパン島の鹵獲零戦の１機で、中島製の五二型、製造番号4340。オリジナルの塗装をすべて落とされ、どのような趣向か理解に苦しむが、主翼にアメリカ軍標識、胴体に日の丸を描き直して、テスト中のショット。垂直安定板に"TAIC 7"の登録記号が記入されている。方向舵の"12"の意味は不詳。本機は、その後、幸運にもNAMの保存機対象に抽出されてスクラップ処分を免れ、20年以上にわたる長期保管ののち、1976年にオープンするNASM新館の展示機として復元、現在も同館W.W.IIコーナーの一角に、良好な状態で展示中である。

▼最終生産型ということもあってか、空母『バーンズ』に４機も積まれてアメリカ本土に運ばれた、陸爆『彗星』四三型。垂直尾翼に残る“601-71”の数字が示すように、敗戦直前に六〇一空に編入され、名古屋基地に展開していた、もと攻撃第三飛行隊所属機である。しかし、バージニア州ノーフォークに陸揚げされたあとは、１機を除いてそのまま放置され、スクラップ処分されたようだ。

陸爆『彗星』四三型 元第六〇一海軍航空隊攻撃第三飛行隊
1946年 バージニア州・ノーフォーク
塗装は、オリジナルのままの上面暗緑色、下面無塗装ジュラルミン地肌、スピナー、プロペラはこげ茶色、アメリカ軍国籍標識は４ヵ所に記入。ただし、国籍標識は、フリーハンドのため規格に則っていない変形タイプ。胴体各部に塗料の剥離多し。尾翼の部隊符号/機番号は黄。

◀P.196上に掲載した写真と同一機と思われる、『雷電』三三型のアメリカ到着後の姿。その後スクラップ処分された。

▶バージニア州ノーフォークに陸揚げされたまま、野晒しになっていた頃の『強風』一一型。しかし、本機は機種的な珍しさもあってか、運ばれた4機とも、アメリカ各地の博物館に保管されて現存している。

▼上写真の強風と同じ場所における、紫電二一型“紫電改”。本機も、最新鋭機だったことが効いてか、アメリカに運ばれた4機すべてが、現在も各地の博物館に保管、あるいは展示されており、往年の勇姿を間近に見ることができる。

▲ドイツ空軍のMe163のコピーとはいえ、日本がロケット戦闘機『秋水』を製作していた事実は、さすがのアメリカ軍をも驚愕させた。そのせいか、空母『バーンズ』により計３機が本国に運び込まれ、とくに念入りな調査が行なわれた。写真は、そのうちの１機で、“三菱第403”の製造番号を付けており、全面オレンジ・イエローの試作機塗装からして、第３号機と思われる。本機を含めた２機はスクラップ処分されて消えたが、他の１機が、現在もプレーンズ・オブ・フェイムに現存している。

▼B-29迎撃用双発戦闘機として期待されたが、性能不足で開発中止になった局戦『天雷』は、横須賀基地にあった試作第３、６号機が『バーンズ』によって運ばれた。写真は３号機。のちスクラップ処分対象となって消えた。

▲B-29相手の夜間防空戦に奮闘した、夜戦『月光』一一型は、横須賀空所属の１機、製造番号7334が、『バーンズ』によりアメリカに運び込まれた。写真は、調査、テストが行なわれた、ペンシルベニア州オルムステッド基地における撮影。その後、長期保管を経て復元され、現在はNASMのポール・E・ガーバー施設に保管中である。

▲4機が抽出され、うち3機が『バーンズ』によってアメリカに運ばれたことが確認されている、艦攻『天山』一二型。現在では、かつてウィローグローブ海軍基地に野晒し展示されていた、製造番号5350だけが、NASMに分解・保存されているのみである。写真の機が、いずれであるかは不詳。

▲1機種で艦爆、艦攻の双方を兼ねる、新時代の艦載機として期待をかけられた、『流星』。『バーンズ』により3機が運ばれたことが確認できるが、写真の機が、製造番号278、387、816のいずれかは不詳。現在、NASMに816のみが分解・保存中。

▼これも、戦争末期に日本海軍が打撃力の柱として期待した、陸爆『銀河』一一型。アメリカには4機運ばれたようだが、現在NASMに分解・保存されている、製造番号8923が残るのみ。写真は、ライトフィールドにおける撮影だが、いずれの製造番号かは不詳。

▲P.208に掲載した、陸攻『連山』のアメリカ到着後の状況。本機は『ボーグ』に搭載されて、東海岸のニュージャージー州ニューアークに陸揚げされ、ここからオハイオ州ライトフィールド基地まで空輸された。もともと、『誉』発動機と排気タービン過給器が不完全だったこともあり、整備に非常な困難をともない、その後、ただ1回飛行しただけでテストは中止、大型機ゆえに保管場所にも事欠いたため、のちにスクラップ処分されてしまった。

▲大型潜水艦に搭載されて、隠密裡に敵要地まで近づき、急速浮上してカタパルト発進、奇襲攻撃を加えるという、前例のない水中空母構想に基づいて誕生した、特殊攻撃機『晴嵐』。アメリカも、本機の存在には驚き、母艦の伊号四〇〇級とともに1機を接収して本国に搬送した。写真は、1960年代初期まで、カリフォルニア州アラメダ海軍基地内に野晒し展示されていた頃のもの。その後、分解されてNASMに移管され、2000年に復元が完了して、現在はNASM新館にて保管・展示中。

◀上写真の、『晴嵐』の搭乗員訓練用につくられた、陸上機型の『晴嵐改』(旧称『南山』)。たった2機製作された機体で、その1号機がアメリカ本土に運ばれた。のちにスクラップ処分されて消えた。

▼第一軍需工廠（旧中島飛行機）で接収した、特殊攻撃機『橘花』の試作２号機。100パーセント完成という状態ではなかったため、飛行テストは不可能で、機体の調査のみ行なわれた。性能はともかく、日本唯一のジェット機として、それなりに関心は高かったようだ。本機は、現在、機体とエンジンが別々に、NASMのポール・E・ガーバー施設に保管されている。

▲P.171に掲載した写真と同じく、沖縄の読谷基地にて接収され、アメリカ本土に運ばれた、体当たり自爆機『桜花』一一型の１機“I-13”号機。アメリカとしても、本機の場合は、航空技術面において調査するべき対象ではなく、西欧文明では理解し難い、特別攻撃思想そのものの実例として鹵獲した。印象は確かに強烈で、各地の博物館に、数機も現存している事実からも、それがわかる。

▼“我に追い付く敵戦闘機無し”の名電文で知られた、高速艦偵『彩雲』一一型については、アメリカ側も高い評価を下しており、抽出した４機すべてを『バーンズ』に搭載して運び、そのうち、写真の機体（登録記号4804を記入）を使って、綿密な飛行テストも行なったようだ。現在、本機だけがNASMに分解・保存されている。

▲横須賀基地にて接収され、『バーンズ』に搭載されて２機が運ばれた、陸上哨戒機『東海』一一型。製造番号37，170が確認されているが、写真の機がいずれかは不詳。世界でもあまり例がない専用対潜機として、それなりに関心は高かったと思われるが、２機ともスクラップ処分されてしまった。

▼九州の佐世保で接収した１機が、『コア』に搭載されてアメリカに送られたことがわかっており、これに該当すると思われる、もと第六三四航空隊所属の水偵『瑞雲』一一型“634-16”号機。戦後、この種水上機は完全に過去のものとなっていたせいか、関心も低く、のちにスクラップ処分されて消えた。

水偵『瑞雲』一一型 元第六三四海軍航空隊
1946年 アメリカ本土/バージニア州・ノーフォーク

上面暗緑色、下面灰色、スピナー、プロペラはこげ茶色、アメリカ軍国籍標識は左主翼上面、右主翼下面、胴体両側に記入。ただし、国籍標識の白袖には濃紺のフチが付かない変則タイプ。左主翼下面の旧日の丸部分はライトグレイに塗り潰したまま。尾翼の部隊符号/機番号は黄で、一部消した跡があるが、意外にはっきりと残っている。

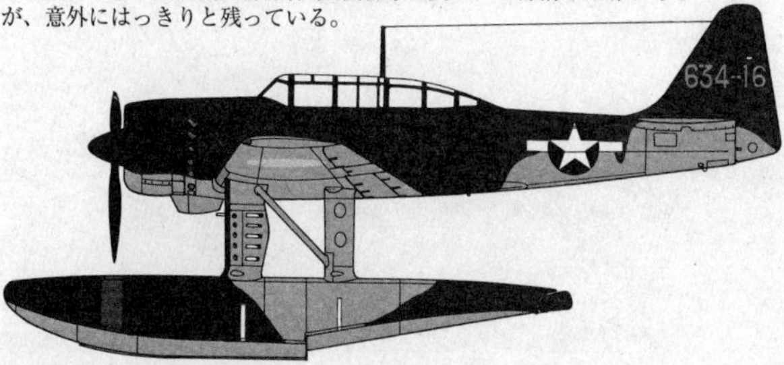

▲アメリカ送り分のリストには載っていないが、横須賀から運ばれたうちの1機、もと第九〇一航空隊所属の零式水偵一一型“KEA-242”号機。画面右奥には零戦五二型、左端には『晴嵐改』の一部が写っており、零戦の隣には、SB2Cヘルダイバーも駐機しているところから、ノーフォークでの撮影と思われる。本機に関するデータは無く、のちにスクラップ処分されたものと思われる。

▼〔下2枚〕『連山』とともに、アメリカに渡った旧日本陸海軍機のうちで、最大級の二式飛行艇一二型。もと詫間航空隊所属“T-31”号機で、横須賀に空輸されたのち、水上機母艦『カンバーランドサウンド』号に搭載され、最終的にはバージニア州ノーフォークに陸揚げされた。アメリカ海軍も、性能優秀な本機に強い関心を示し、パタクセントリバー基地に運んで、テスト飛行を試みた(下段写真がそれ)ものの、エンジンが4基とも不調となり、断念した。その後、ノーフォークに35年間モスボール状態で保管されたのち、1979年に日本に返還され、現在は、海上自衛隊鹿屋航空基地内に屋外展示されている。

◀ニューギニア島で鹵獲され、アメリカに送られた一式戦二型『隼』。数機は鹵獲されたはずだが、何機アメリカに送られたのかは不明。写真の機体は、現在ウィスコンシン州オシコシの、自作航空協会博物館に展示中。

▲重戦とはいっても、欧米の基準からすれば軽戦みたいなものだが、性能特性は欧米機に近いはずで、親近感はあったかもしれない（？）二式戦二型『鍾馗』。横須賀からは４機が運ばれたようだが、アメリカ到着後は意外に冷遇され、写真の機体も含めてすべてがスクラップ処分されてしまい、１機も現存しない。

▼海軍の『月光』に匹敵した、陸軍版夜戦、二式複戦丁型『屠龍』。しかし、アメリカ側の評価は低く、“すべてにおいて平凡な双発戦”と片付けられた。フィリピンでの鹵獲機に加え、横須賀からも２機が運ばれたが、現在は、写真の“325”号機とは別の、製造番号4268、１機のみが、NASMに保管中。

▼上写真の機と同一機だが、識別用記録写真撮影のため、全面をオリーブドラブ色に塗り、白フチ付きの日の丸標識まで、ていねいに描き込んだ三式戦一型甲。尾翼に記入された"263"は、製造番号と思われる。現在、カルフォルニア州サンタモニカ飛行博物館に保管（復元中途）されている機体が、本機と推定される。

▲ニューギニア島のウエワク、もしくはホランジア地区にて鹵獲され、アメリカに運ばれたのち、"TAIC 9"の登録記号を付与されてテストをうけた、三式戦一型甲『飛燕』。もと飛行第六八、または七八戦隊機である。それまで、本機はドイツ空軍Bf109のコピー機であると信じられていただけに、その点に関しては、アメリカも見直したのであろう。

三式戦一型甲 1944年 アメリカ本土/オハイオ州・ライトフィールド

製造番号"263"の、全面無塗装ジュラルミン地肌当時の状況。スピナー、プロペラは、オリジナルのままのこげ茶色、アメリカ軍国籍標識は、規定どおり4ヵ所に記入。操縦室横のT.A.I.Cのフルネームと、垂直安定板の同"9"は黒。胴体国籍標識直後に、小さく"263"（黒）が記入されている。

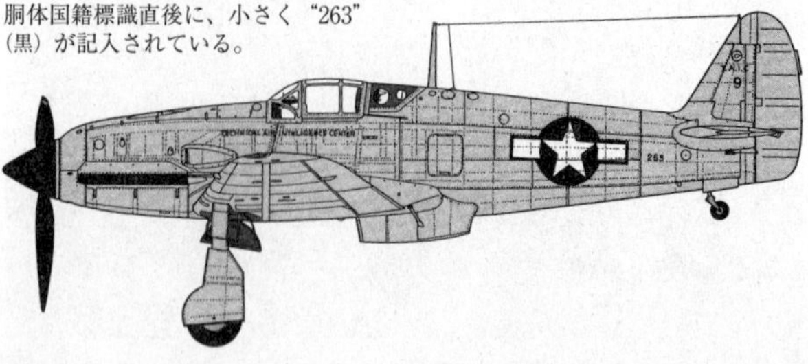

▲『ハ一一四〇』発動機の不調により、わずか99機で生産停止に追い込まれた三式戦二型『飛燕』だが、大阪の伊丹飛行場で、もと飛行第五六戦隊所属機を何機か接収したアメリカ軍は、本国送り分として４機も抽出した。これらすべてが、実際に運ばれたかどうかは不明だが、少なくとも２機は到着したらしい。写真は、そのうちの１機で、垂直安定板に“雷”の文字を記入された機体。発動機の不調もあってか、本格的な飛行テストは出来なかったようで、のちに２機ともスクラップ処分されて消えた。

▼〔下２枚〕“大東亜決戦号”という勇ましい称号を奉られ、陸軍航空が絶大な期待を寄せた、四式戦『疾風』だったが、諸々の悪条件が重なり、不本意な実績しか残せなかった。もっとも、アメリカ側は本機を高く評価し、フィリピンでの鹵獲機２機に加え、日本本土からも４機を抽出して本国に送り、綿密に調査、テストした。そして、報告書では改めて“日本最優秀戦闘機”と評価したのである。写真は、２枚とも日本から運んだ機体で、上段は甲型（登録番号“302”）、下段は乙型（同“301”）。高評価とは裏腹に、日本から運んだ４機はすべてスクラップ処分されてしまい、現在は、のちに日本に返還され、南九州市・知覧町の特攻平和会館に展示されている、フィリピンでの鹵獲機、製造番号1446が残るのみ。

▲〔上２枚〕二式複戦の後継機として、同じ川崎航空機工業㈱の開発により誕生した、キ102。襲撃機型（乙）、高々度戦闘機型（甲）、夜間戦闘機型（丙）の３型式が存在したが、実際に量産されたのは乙型のみ。甲型は25機つくられたものの、陸軍に納入されたのは15機にとどまり、実用試験の段階で終わった。丙型は試作機２機が空襲により焼失し、完成していない。アメリカ送り分は、甲、乙あわせて６機抽出されたようだが、実際の搬送機数は不明。写真は、アメリカに到着した乙（上段）と甲で、あるいは、この２機だけだったのかもしれない。のちに、双方ともスクラップ処分された。

キ102甲 高々度戦闘機 1946年 アメリカ本土

上面暗褐色、下面灰色、ただし、上面の塗装にかなりの剥離部分あり。スピナー、プロペラはこげ茶色、アメリカ軍国籍標識は４ヵ所に記入しているが、左主翼下面の旧日の丸は、そのままにしているようにも見える。

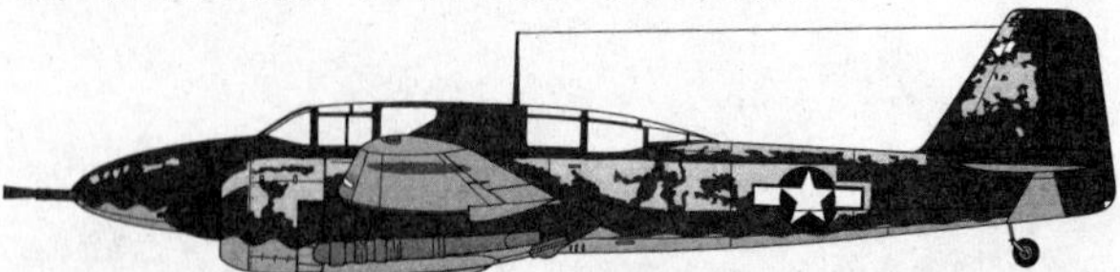

▲アルミ合金の不足を考慮し、四式戦『疾風』を全木製化した機体として、立川飛行機㈱が開発したキ106。しかし、重量増加にともなう性能低下で、実用戦闘機としては使えないと判定され、今後の木製機の研究用、および練習戦闘機として生産することになったが、敗戦までにわずか10機が完成したのみに終わった。珍しい木製戦闘機ということもあってか、アメリカ送り分として４機が抽出され、すべて運ばれたらしい。写真は、そのうちの１機。ただし、のちにはすべてスクラップ処分されてしまい、１機も現存していない。

▲陸軍最後の制式重爆、四式重爆『飛龍』は、三菱の鈴鹿工場に近い三重県の亀山飛行場、および岐阜県の各務原飛行場にて、計４機がアメリカ送り分として抽出され、『コア』により運び込まれた。４機すべてが到着したかどうかは不明だが、写真は、そのうちの１機で、輸送中の塩害防止のため、全面を黒色塗料でコーティングしている。保管スペースの関係からか、のちにすべてスクラップ処分されてしまった。

▼幸い、１機も使用されることなく終わった体当たり自爆機、特別攻撃機『剣』〔キ115〕は、機体設計面での調査価値は無かったが、特殊性ゆえに、４機がアメリカ送り分として抽出された。写真は、NASMが管轄した１機で、現在は、限定的に復元され、同ポール・E・ガーバー施設に保管中。残っているのは、この１機のみである。

▲アメリカ本土片道爆撃という、壮大（夢想とも言いうる）な計画に基づいて開発された、立川キ74試作遠距離爆撃機には、アメリカ軍も強い関心を抱き、P.163～164に掲載した写真のごとく、山梨県の玉幡飛行場の２機、立川工場の２機あわせて計４機を、アメリカ送り分として抽出した。ただし、輸送空母のスペースにも限度があり、実際には２機しか運ばれなかったようだ。写真は、海軍の『東海』とともに、ニュージャージー州ニューアークに陸揚げされたキ74（手前から２、３機目）。保管スペースの都合もあって、キ74は２機ともスクラップ処分され、現存していない。

▲▼“新司偵”の愛称で呼ばれ、専用の戦略偵察機としては草分け的な存在だった三菱一〇〇式司令部偵察機は、アメリカ軍も強い関心を示し、1944年にニューギニア島で鹵獲した二型を本国まで運び、TAIC10の登録記号を付して綿密に調査、テストした（上写真）。また、日本で接収した機体の中から、三型４機と、排気タービン過給器装備の四型の試作機４機、あわせて８機も本国送り分として抽出した。三型４機は、『バーンズ』により運ばれたらしいが、四型については記録がない。下写真は、“4801”の登録番号を付された三型の１機。しかし、これだけ多く運んだわりには、扱いは冷たく、用済み後はすべてスクラップ処分した。

付録
アメリカ軍による鹵獲日本機調査記録抜萃

日本機の技術情報の集成、ＴＡＩＣ教本

アリューシャン列島で鹵獲した零戦が、復元完了して飛行テストを開始した、一九四二年九月の時点では、まだ、こうした鹵獲敵機の調査、テスト、さらには航空技術情報入手などを専門とする組織は、存在しなかった。

しかし、同年末ニューギニア島ブナ地区にて、零戦の新型（三二型）が、まとめて数機も鹵獲されたことを契機に、これらを回収、調査、テストするために、一九四三年はじめに、オーストラリアのメルボルンにて、Technical Air Intelligence Unit——航空技術情報隊（ＴＡＩＵと略記）が編成された。

隊員は、アメリカ陸軍航空軍、海軍、それにオーストラリア空軍の技術将校などによって構成されたが、当初は規模も小さく、こじんまりとした世帯だった。

一九四四年六月のマリアナ諸島、翌年はじめのフィリピン攻略により、大量の日本機が鹵獲された頃には、ＴＡＩＵの組織は急速に拡充されており、各戦域にＰＯＡ（太平洋）、ＳＥＡ（東南アジア）、ＳＷＰＡ（南西太平洋）などの支部を設けていた。

ＴＡＩＵが入手した情報は、アメリカ本土ワシントンＤＣ、アナコスチア海軍基地

の、Technical Air Intelligence Center——航空技術情報部（ＴＡＩＣと略記）、およびオハイオ州ライトフィールド基地の、陸軍航空軍資材部に届けられ、総合的に分析され、書類にまとめられた。

鹵獲日本機の調査、テスト、および現物は入手していないが、押収した書類、さらには捕虜への尋問などから得た情報をもとに、ＴＡＩＣがまとめた記録が、『Japanese Aircraft Performance & Chanacteristics TAIC Manual』——日本機の性能と特徴に関するＴＡＩＣ教本——であった。

内容は、写真、三面図（寸度入り）、諸元、性能、燃料タンク／武装配置図などから成っており、一機種一型式につき二〜四ページを割いていた。加除式ファイル形態になっており、情報の追加、更新を可能にしているのも特徴。

それぞれの機体ファイルの下側に、データ作製時期が記してあり、やはり、フィリピン攻略直後の一九四四年一二月、終戦時点の一九四五年八月のものが多い。

紙数の都合もあって、とても全部は掲載できないが、主要な機体のみ、以下P.256〜268にかけて掲載したので、要領はお分かりいただけると思う。マイクロフィルムからの転写のため、少々見づらい点は御容赦願いたい。

ちなみに、このＴＡＩＣ教本に限らず、大戦中アメリカ軍は、日本機それぞれに、独自の愛称を付けており、制式名称を使わずに、これで通している場合が多い。それぞれの名称は別表参照。

ＴＡＩＣ教本以外の鹵獲機調査記録

日本軍用機に関する情報を、全般的にまとめたのは、前述のＴＡＩＣ教本くらいのものだが、むろん、それがすべてではなく、たとえば、ニューギニア島ブナ地区で接収した零戦三二型に関しては、陸軍航空軍資材部（Army Air Forces Material Commando――オハイオ州ライトフィールド基地に所在）において、『陸軍航空軍技術報告』（Army Air Forces Technical Report）と題し、独自の調査記録を作製して、各関係機関に配布した。

さらに、中国大陸で鹵獲した零戦二一型（有名なＥＢ－２の登録記号を付した機体）については、一九四三年九月付けで、テスト・パイロット向けにFlight Operating Instructions for Japanese "Zeke" "EB-2" と題した、操縦教本を作製し、これには操縦室のすべての操作機器を写真付きで詳細に解説し、燃料、油圧系統図まで挿入してある。

アメリカ軍側の日本機固有名称

海軍制式名称	アメリカ軍側呼称	陸軍制式名称	アメリカ軍側呼称
零戦	Zeke(ジーク)	九七式戦	Nate(ネート)
零戦(三二型のみ)	Hamp(ハンプ)	一式戦	Oscar(オスカー)
二式水戦	Rufe(ルーフ)	二式単戦	Tojo(トージョー)
月光	Irving(アービン)	二式複戦	Nick(ニック)
雷電	Jack(ジャック)	三式戦	Tony(トニー)
強風	Rex(レックス)	四式戦	Frank(フランク)
紫電/紫電改	Geoge(ショージ)	五式戦	Tony(トニー)
烈風	Sam(サム)	キ64	Rob(ロブ)
九九式艦爆	Val(バル)	キ102	Randy(ランディ)
彗星	Judy(ジュディ)	九七式軽爆	Ann(アン)
流星	Grace(グレース)	九八式軽爆	Marry(マリー)
九七式艦攻	Kate(ケート)	九九式双軽爆	Lily(リリー)
天山	Jill(ジル)	九七式重爆	Sally(サリー)
九六式陸攻	Nell(ネル)	九九式軍偵/襲撃機	Sonia(ソニア)
一式陸攻	Betty(ベティー)	四式重爆	Peggy(ペギー)
深山	Litz(リズ)	一〇〇式重爆	Helen(ヘレン)
連山	Rita(リタ)	キ74	Pasty(パスティ)
銀河	Francis(フランシス)	三式指揮連絡機	Stela(ステラ)
桜花	Baka(バカ)	九七式司偵	Babs(ベーブス)
彩雲	Mart(マート)	一〇〇式司偵	Dinah(ダイナ)
零式水偵	Zeke(ジーク)	九八式直協偵	Ida(アイダ)
零式観測機	Pete(ピート)	一〇〇式輸送機	Topsy(トプシー)
瑞雲	Paul(ポール)	九七式輸送機	Thora(ソーラ)
紫雲	Norm(ノーム)	四式練習機	Cypress(サイプラス)
零式小型水上機	Glen(グレン)	九五式一型練習機	Spruce(スプルース)
九七式飛行艇	Mavis(メービス)	一式双発高練	Hicholy(ヒッコリー)
二式飛行艇	Emily(エミリー)		
零式輸送機	Tabby(タビー)		
九三式中練	Willow(ウィロウ)		
紅葉	Cypress(サイプラス)		
九〇式機作練	Hickory(ヒッコリー)		

NAVY DEPARTMENT

OFFICE OF THE CHIEF OF NAVAL OPERATIONS

WASHINGTON 25, D. C.

ADs130078/RMS:vw

MEMORANDUM

7 August 1945

From: Op-16-V (Air Intelligence Group)
To: Distribution List.

Subject: Supplement No. 5 to TAIC Manual No. 1 OpNav-16-V T301 - Japanese Aircraft - Performance and Characteristics.

Enclosure: (A) Supplemental Pages.

1. The attached pages, prepared by the Technical Air Intelligence Center, Anacostia, D. C. are to be inserted in subject publication and the replaced pages destroyed.

2. On two of the pages now in the Manual, the manufacturer has been incorrectly listed. On page 502B-2, the manufacturer of BETTY 22 should be Mitsubishi instead of Nakajima. On page 100A-2 the manufacturer of BAKA should read Fuji Hikoki K.K. in place of Fuji Kokuki K.K.

C. W. [illegible]
Captain, USN

RESTRICTED

104A-4

IRVING 11

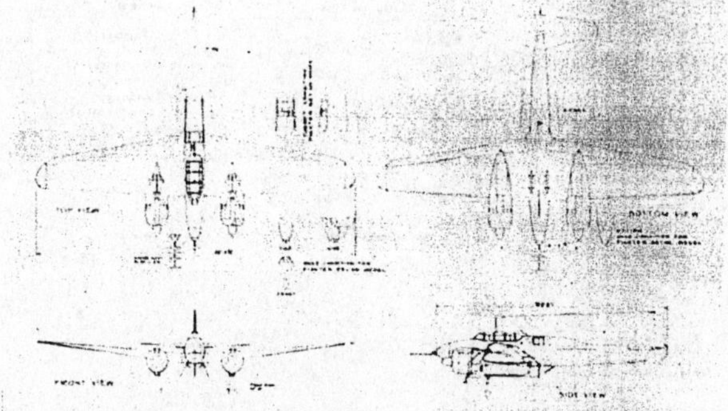

RESTRICTED

DATE December 1944

104B-2

PERFORMANCE AND CHARACTERISTICS IRVING 11(MODIFIED)

TAKE-OFF

	Load	Feet
T.O. calm	15,320 16,600	1800 2260
T.O. 25 kt. wind		
T.O. over 50' obstacle		
Landing over 50' obstacle		

CLIMB—CEILING

@ 15,320 lbs.	Feet	Min
Rate @ S.L.	2310	1
Rate @18,400 ft.	1870	1
Time to 9,320		4.7
Time to 19,700		7.1
Service ceiling 32,600		

AIRCRAFT

Duty Night Fighter

Designation Gekko Model 11

Description Low-wing monoplane

Mfr Nakajima

Engines 2 Crew 2

Construction All Metal

SPEED

@ 15,320lbs. (W.E.P.)	Mph.	Kts.	Altitude
Maximum	279	242	@ S.L.
Maximum	329	286	@ 19,900
@15560(M11) Maximum	261	227	@ S.L.
Maximum	316	274	@21,200

BOMBS—CARGO

	No.	Size	Total lbs
Maximum	2 x 250 kg and 2 x 60 kg		1364

ENGINES

	H.P.	Altitude
Take-off	1115	S.L.
Normal	820 755	S.L. 15,800
Military	995 965	S.L. 19,700
War Emerg	1040	18,400

Mfr. Nakajima

Model Sakae 21

Type Radial

Cylinders 14 Cooling Air

Supercharger Two Speed

Propeller 3 Blade C.S. Diam 1?.0'

Fuel Take-off 92 Cruising 92

WEIGHTS

	lbs
Empty	
Gross (Without Radar)	15,320
(With Radar)	15,560
Overload	16,600

FUEL

	U.S. gal	Imp gal
Built-in	492	410
Internal (Removable)		
External (drop)	170	141
Maximum	662	551

RANGE AND RADIUS

	Miles stat	Miles naut	Speed mph	Speed Kts	Alt feet	Fuel gal U.S.	Fuel gal Imp	Bombs lbs	Cargo lbs
Maximum range maximum fuel	1960	1720	177	154	15800	662	551	None	None
Range@Combat Cr	880	765	269	234	15800	662	551	None	None
Maximum range (normal fuel)	1550	1345	171	148	15800	492	410	None	None
Range@Combat Cr.	660	566	267	232	15800	492	410	None	None
Radius									
Radius									

DIMENSIONS

Span 56.0' Length 39.9'

Height 15' Wing area 3?? sq. ft.

GENERAL DATA

The vulnerability chart on the following page was prepared for IRVING 11. Only the inclined Dorsal and ventral 20mm guns have been found on this model.

RESTRICTED DATE August 1945

104B-3

IRVING 11 (MODIFIED)

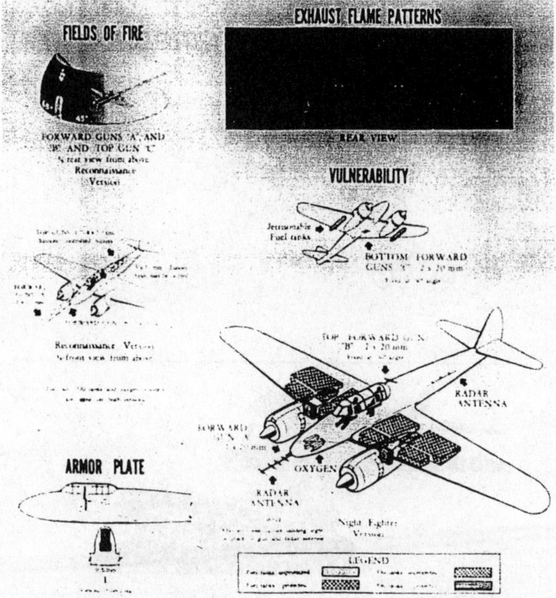

ARMAMENT

	No	Size	Rds Gun	
Dorsal	2	20mm	100	Type 99 Mk 2,(Oerlikon) - Inclined.
Ventral	2	20mm	100	Type 99 Mk 2,(Oerlikon) - Inclined.

TACTICAL DATA

One 20mm Type 99 Mk 2 gun may be installed in the nose firing forward.
Inclined guns are fixed to fire forward 30° above and forward 30° below the axis of the plane.

DATE August 1945　　**RESTRICTED**

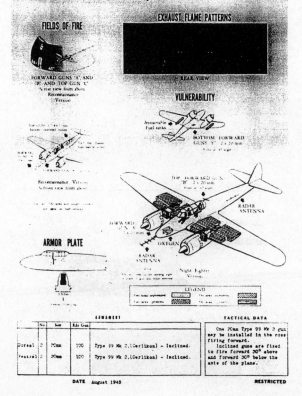

IRVING 11 (MODIFIED)

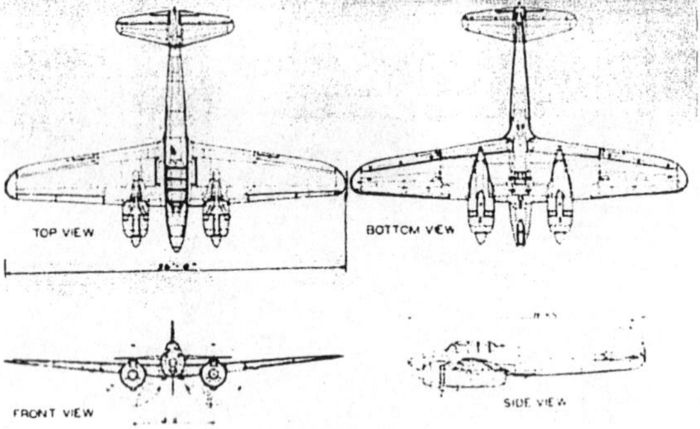

105B-2

PERFORMANCE AND CHARACTERISTICS

JACK 21

TAKE-OFF

	Load	Feet
Runway Requirements	7320	1000
T. O. over 50' obstacle		
Landing over 50' obstacle		

CLIMB—CEILING

at 7320 lbs	Feet	Min
Rate @ S. L.	4835	1
Rate @ 16,600 ft	4380	1
Time to 10,000		2.3
Time to 20,000		5.1
Service ceiling 38,800		

AIRCRAFT

Use Fighter (Interceptor)

Designation Raiden Model 21

Description Low wing monoplane

Mfg Mitsubishi

Engines 1 Crew 1

Construction All metal; semi-monocoque fuselage, cantilever wing

SPEED

at 7320 lbs	Mph	Knots	Altitude
Maximum	359	310	at S. L.
Maximum	417	362	at 16,600'
Cruising - Combat	318	275	@ 1500'
Economical - Cruising	171	147	@ 1500'

BOMBS—CARGO

	No.	Size	Total lbs
Maximum	2 x 60 kg		264
or	2 x 30 kg		132

ENGINES

	H P	Altitude
Take-off	1870	S.L.
Normal	1280	1500'
Military	1650 1460	6800 18,100
War Emergency	1940 1785	4400 [illegible]

Mfr Mitsubishi

Model Kasei 23

Type Radial

Cylinders 14 Cooling Air (Fan Assist)

Supercharger 2 Speed

Propeller [illegible]

Fuel [illegible] 92 [illegible] 92 plus [illegible]

WEIGHTS

	Lbs
Empty	
Gross	7320
Overload	8130

FUEL

	U S gal	Imp gal
Built in	159	132
Internal Removable		
External [illegible]	[illegible]	[illegible]
Maximum	[illegible]	[illegible]

RANGE AND RADIUS

	Miles stat	Miles naut	Speed mph	Speed Knots	Alt feet	Fuel gal U S	Fuel gal Imp	Bombs lbs	Cargo lbs
Maximum range (maximum fuel)	1300	1129	171	147	1500	225	187	None	None
Range @ Combat Cr.	408	363	313	270	1500	225	187	None	None
Maximum range (normal fuel)	670	582	171	147	1500	11[illegible]	92	None	None
Range @ Combat Cr. N. Fuel	[illegible]	178	318	275	1500	110	92	None	None
Radius									

DIMENSIONS

Span 38'[illegible]" Length 31'8"
Height 13'[illegible] Wing area 216 sq ft

GENERAL DATA

A new model of JACK (presumably J2M4) has been reported powered by a Kasei 23 engine with turbo-supercharger Preliminary estimate of performance is shown below:

At gross weight of 7,500 lbs. V(max) 431 mph at 32,800 ft.
Rate of Climb 3600 ft/min at 32,800'.
Service Ceiling 40,400'.

(Military power only available (1560 hp @ 32,800 ft. estimated.)

RESTRICTED　　DATE Aug. 194[illegible]

105B-3

JACK 21

FIELDS OF FIRE

FORWARD GUNS
"A" AND "B"

EXHAUST FLAME PATTERNS

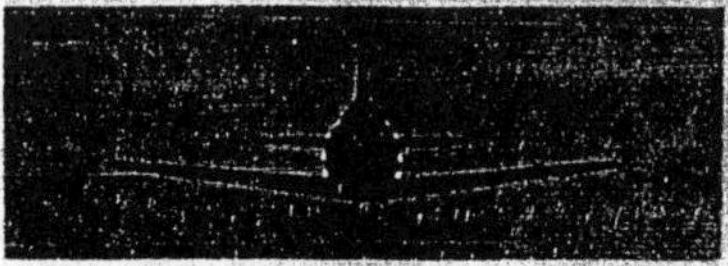

REAR VIEW

VULNERABILITY

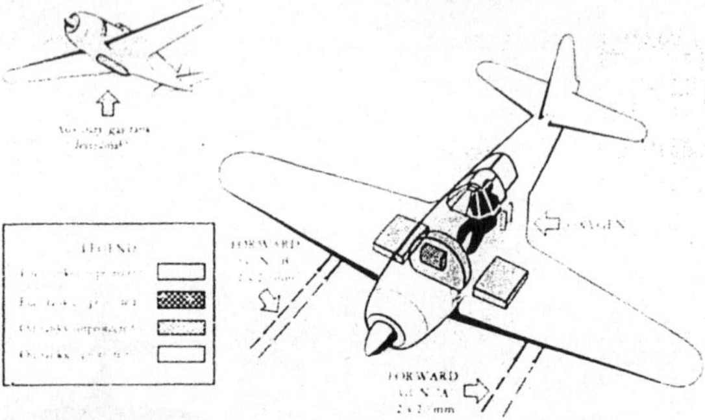

ARMAMENT

	No.	Size	Rds. Gun	Type
Wing	4	20 mm	200	Type 99 Fixed,(Oerlikon),belt fed One Mk.1 and one Mk.2 gun is mounted internally in each wing.

TACTICAL DATA

No armor or fuel tank protection have been found or indicated by documents.

DATE May 1945

RESTRICTED

109A-2

PERFORMANCE AND CHARACTERISTICS

REX 11

TAKE-OFF

	Load	Feet
T.O. calm		
T.O. 25 kt. wind		
T.O. over 50' obstacle		
Landing over 50' obstacle.		

CLIMB—CEILING

@ 7700 lbs.	Feet	Min.
Rate @ S.L.	3750	1
Rate @ 16,800ft.	3125	1
Time to 20,000		7.0
Time to 30,000		14.0
Service ceiling 34,700		

AIRCRAFT

Duty Fighter

Designation (KYOFU) Model 11

Description Mid-wing Float Plane

Mfr. Kawanishi

Engines 1　Crew 1

Construction Cantilever wing, semi-monocoque fuselage

SPEED

@ 7700 lbs.	Mph.	Knts.	Altitude
Maximum	320	278	@ S.L.
Maximum	373	324	@18,800
Cruising Combat	305	265	14,500
Economical Cruise	179	155	14,500

BOMBS—CARGO

	No. Size	Total Lbs
Maximum	2 x 60 kg	264
or	2 x 30 kg	132

ENGINES

	H.P.	Altitude
Take-off	1825	S.L.
Normal	1220	S.L.
	1165	14,500
Military	1550	S.L.
	1520	18,050
War Emerg.	1735	16,800

Mfr. Mitsubishi

Model Kasei 20 Series

Type Radial

Cylinders 14　Cooling Air

Supercharger Two Speed

Propeller 4 Blade C.S.　Diam. 11.0'

Fuel - Take-off 92 & ADI　Cruising 92

WEIGHTS

	Lbs.
Empty	
Gross	7700
Overload	7962

FUEL

	U.S. gal.	Imp. gal.
Built-in	215	179
Internal (Removable)		
External (drop)		
Maximum	215	179

DIMENSIONS

Span 39.4'　Length 35.4'

Height 16.5'　Wing area 253 sq. ft.

RANGE AND RADIUS

	Miles		Speed		Alt.	Fuel gal.		Bombs	Cargo
	stat.	naut.	mph.	Knts.	feet	U.S.	Imp.	lbs.	lbs.
Maximum range (maximum fuel)	1205	1045	177	154	14500	215	179	132	None
Range@Combat Cr	415	360	302	262	14500	215	179	132	None
Maximum range (normal fuel)	1060	920	179	155	14500	186	155	None	None
Range@Combat Cr	360	315	305	265	14500	186	155	None	None
Radius (　)									
Radius (　)									

GENERAL DATA

RESTRICTED　　DATE August 1945

109A-3

REX 11

VULNERABILITY

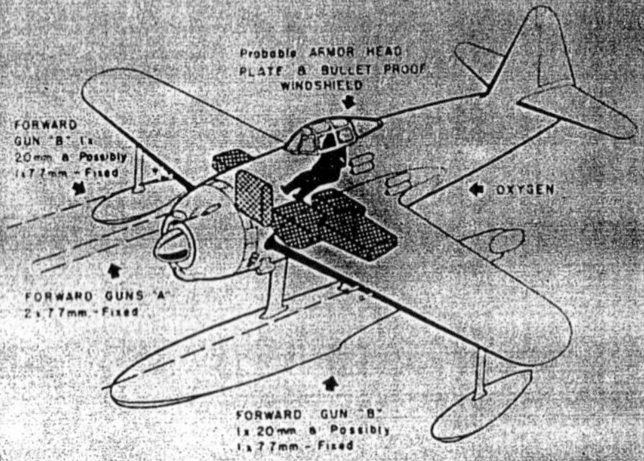

FIELDS OF FIRE

FORWARD GUNS "A" & "B"
¾-front view from above

NOTE

ARMAMENT SHOWN IS PROVISIONAL
TANK & OXYGEN ARRANGEMENT ARE ASSUMED TO BE THE SAME AS ON GEORGE II

LEGEND

[illegible]
[illegible]
[illegible]
Oil tanks protected

ARMAMENT

	No.	Size	Rds. Gun	Type
Cowl	2	7.7 mm	500	Type 97 Fixed, Vickers type.
Wings	2	20 mm	60	Type 99 Mk 1 Model 3 Fixed, Oerlikon type.

TACTICAL DATA

13.2 mm Type 3 fixed guns may replace the present cowl guns.

DATE August 1945

RESTRICTED

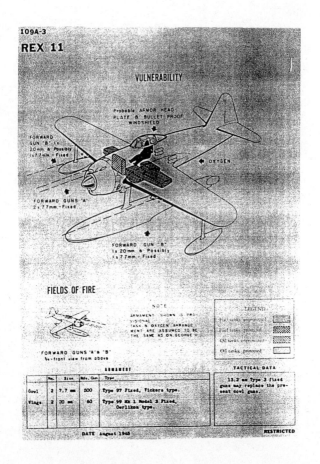

153A-2

NICK 1

PERFORMANCE AND CHARACTERISTICS

TAKE-OFF

	Load	Feet
Runway Requirements	11,685	1160
T.O. over 50' obstacle		
Landing over 50' obstacle		

CLIMB—CEILING

@ 11,911 lbs.	Feet	Min.
Rate @ S.L.	2692	1
Rate @16,500 ft.	2471	1
Time to 9,200'		3.53
Time to 19,000'		7.51
Service ceiling 35,800'		

AIRCRAFT

Duty　Fighter, Night Fighter

Designation　Type 2 (Ki 45)

Description　Low mid-wing Monoplane

Mfg.　Kawasaki

Engines　2　　Crew　2

Construction　All metal semi-monocoque fuselage; cantilever wing.

SPEED

@ 11,911 lbs.	Mph.	Knts.	Altitude
Maximum	302	262	@ S.L.
Maximum @ 11,685 lbs.	353	307	@ 16,600'
Suicide Condition- Max. Level	330	287	@ 20,600'
Max. Diving	430	374	

BOMBS—CARGO

	No　Size	Total Lbs.
Normal	2 x 50 kg	220
Maximum (Suicide)	2 x 250 kg	1100

ENGINES

	H. P.	Altitude
Take-off	1065	S.L.
Normal	785	1500'
Military	1040 935	9200' 19000'
War Emerg.	1135 1020	8500' 18500'

Mfg.　Mitsubishi

Model　Type 1　1050

Type　Radial

Cylinders　14　　Cooling Air

Supercharger　2 Speed

Propeller 3 Bl. CS Diam. 9.68'

Fuel - Take-off 92　Cruising 92

WEIGHTS

		Lbs.
Empty		8335
Gross-	Night Fighter	11,685
	Day Fighter	11,911
Over-load	Night Fighter	12,349
	Day Fighter	12,578
	Suicide	12,870

FUEL

	U.S. gal.	Imp. gal.
Built-in	275	229
Internal (Removable)	121	101
External (drop)	106	88
Maximum	502	418

RANGE AND RADIUS

	Miles		Speed		Alt.	Fuel gal.		Bombs	Cargo
	stat	naut.	mph.	Knts.	feet	U. S.	Imp.	lbs.	lbs.
Max. Range	1909	1658	151	131	1500	502	418	None	None
R @ Combat Cr.	618	537	273	237	1500	502	418	None	None
Max. Range	1042	904	149	130	1600	275	229	None	None
R @ Combat Cr.	335	291	270	235	1500	275	229	None	None
Suicide Cond.- Max. Range	1390	1210	140	122	1500	396	330	1100	None
R @ Combat Cr.	476	413	251	218	1000	394	330	1100	None

DIMENSIONS

Span　49.2'　　Length　36.6'

Height 12.0'　Wing area 365 sq.ft.

GENERAL DATA

NICK is a maneuverable twin engine aircraft that may be used as a day fighter, night fighter, ground attack plane. May be replaced by Randy.

RESTRICTED　　　　DATE August 1943

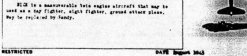

153A-3

NICK 1

FIELDS OF FIRE

REAR GUN "B" & FORWARD GUNS "A" & "C" 1/4 rear view from above

EXHAUST FLAME PATTERNS

REAR VIEW

VULNERABILITY

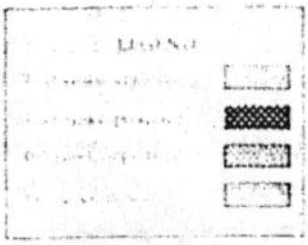

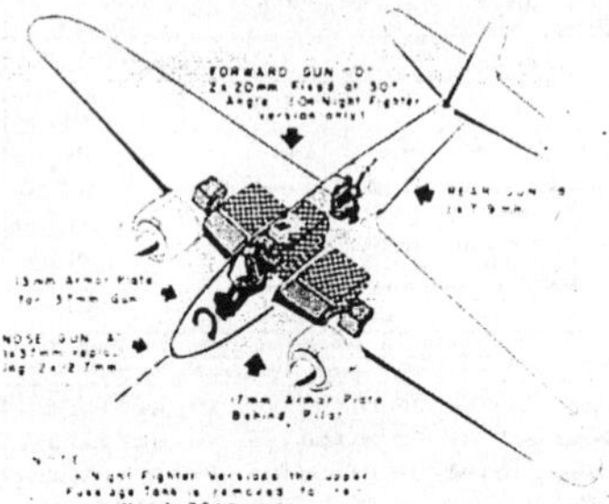

ARMAMENT

	No.	Size	Rds. Gun	Type
Nose	2	12.7mm	1	Type 1 Fixed, Browning type.
or	1	37mm	16	HO 203 Fixed cannon.
Tunnel	1	20mm	100	HO 3 Fixed., Gas-operated.
Dorsal	2	20mm	?	HO 5 Fixed, Browning type, (Inclined)
Rear Cockpit	1	7.92mm	1000	Type 98 Flexible, German MG 15 type.

TACTICAL DATA

Inclined HO 5 guns are installed on the night fighter version.

Armor plate is installed behind and ahead of the HO 203 magazine and behind the pilot. Pilots head armor is two spaced plates.

DATE June 1945

RESTRICTED

159A-2

PERFORMANCE AND CHARACTERISTICS

RANDY 1

TAKE-OFF

	[illegible]	Feet
Runway Requirements		
Ko version	15,550	[illegible]
Otsu version	15,760	2092

CLIMB—CEILING

Ko @ 15,550 lbs. Otsu 15,760 lbs.		Feet	Min.
Rate @ SL	(Ko	3281	1
	(Otsu	3248	1
Rate @ 2900'	(Ko	3360	1
	(Otsu	33[illegible]0	1
T. to 10000'	(Ko		4.1
	(Otsu		4.2
T. to 20000'	(Ko		9.2
	(Otsu		10.6

Service ceiling Ko 40,760 Otsu 32,370

AIRCRAFT

Duty Ko - High Alt. Fighter
Otsu- Ground Attack

Designation KI-102

Description Low-mid-wing Monoplane

Mfg. Kawasaki

Engines 2 Crew 2

Construction All Metal

SPEED

Ko 15550 Otsu 15760	Mph	Kts.	Altitude
Max. (Ko	340	295	@ S.L.
(Otsu	349	3[illegible]	
Max. (Ko	437	380	@ 32,400'
(Otsu	406	353	18,700'
Suicide	378		@ 18,700'
Max. Diving	500		

BOMBS—CARGO

Otsu Version	No.	Size	Total lbs.
Maximum	1 x	500 kg	1100
or	1 x	250 kg	550
or	2 x	100 kg	400
or	4 x	50 kg	440
Suicide	1 x	800 kg	1760

ENGINES

	H.P.	Altitude
Take-off	1500	S.L.
Normal	1100	9,200'
Military	1200	6,500'
	1185	Fr. 19,700 To 36,100
War Emerg	1620	2,900'
	1490	Fr. 16,700 To 32,400

Mfg. Mitsubishi

Model (Ko - Ha 112 Mod 2 "Ru"
(Otsu-Ha 112 Mod 2

Type Radial

Cylinders 14 Cooling Air

Supercharger (Ko - 2 S.& Turbo
(Otsu-2 Speed

Prop (Ko - 4 Blade C.S.
(Otsu 3 " " Diam 9.5'

Fuel - Take-off 92 Cruising 92

WEIGHTS

		lbs.
Empty	(Ko	11,100
	(Otsu	10,500
Gross		
Overload	(Ko	15,550
	(Otsu	15,760

FUEL

	U.S. gal	Imp. gal
Built-in	430	358
Internal (Removable)		
External (drop)		
Maximum	430	358

RANGE AND RADIUS

Ko Version	Miles stat.	Miles naut.	Speed mph	Speed Kts.	Alt. feet	Fuel gal. U.S.	Fuel gal. Imp.	Bombs lbs.	Cargo lbs.
Max. Range	1335	1160	168	146	1500	430	358	None	None
R @ Combat Cr.	445	386	296	257	1500	430	358	None	None
Otsu Version - Max. Range	1375	1194	170	148	1500	430	358	None	None
R @ Combat Cr.	455	395	302	262	1500	430	358	None	None
Suicide Cond. - Max. Range	345	300	159	164	14,800	113	94	1760	None
R @ Combat Cr.	120	104	307	267	14,800	113	94	1760	None

DIMENSIONS

Span 51.1' Length 37.5'
Height 12' Wing area 364 sq.ft.

GENERAL DATA

The engine ratings given above are for the High Altitude Fighter which is equipped with a Turbo-Supercharger. This supercharger has the effect of maintaining the Military rating of 1185 hp from 19,700 ft. to 36,100 ft. and the War Emergency rating of 1490 hp from 18,700 ft. to 32,400 ft.

RESTRICTED

DATE August 1945

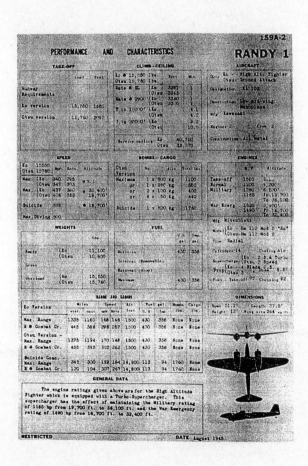

159A-3

RANDY 1

FIELDS OF FIRE

ARMOR PLATE

VULNERABILITY

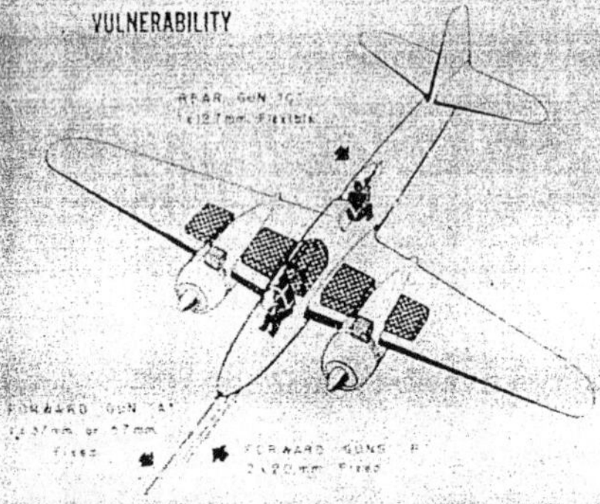

LEGEND

ARMAMENT

	No.	Size	Rds/Gun	Type
Nose	1	37mm	35	HO 204 Fixed Cannon
or	1	57mm	16	HO 401 Fixed Cannon
Tunnel	2	20mm	200	HO 5 Fixed (Browning type)
Rear Cockpit	1	12.7mm	200	Type 1 Flexible MG (Browning type)

TACTICAL DATA

37mm cannon installed on KO version.
57mm cannon installed on OTSU version.
Extensive 8mm and 12mm armor ahead of and behind both crew positions.
All tanks self sealing

DATE August 1945

RESTRICTED

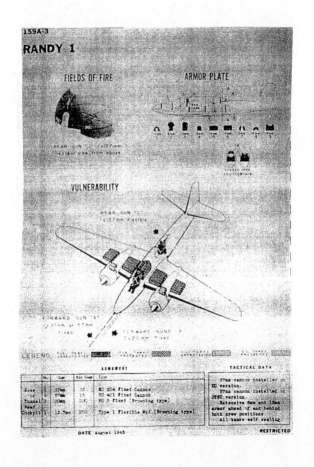

また、海軍航空隊では、サイパン島で鹵獲した零戦五二型の一機を、ダグラス社に委託して、メーカーの立場から、詳細なる技術調査を行なわせ、レポートNo.ＥＳ６７４４として報告書をまとめさせたりしている。

戦後、日本から大量に搬入した各機についても、重要と思われる機体は、同様の報告書にまとめたことは間違いなく、あらためて、アメリカ側の情報収集、記録編纂能力は、日本など想像もつかぬほどに、ハイ・レベルのものであったことがわかる。

付録の最後に、前述の零戦三二型に関する技術報告書を掲載し、鹵獲機調査の一端を示す参考としたい。

▲次ページ以下の技術報告書No.5115に使われた、零戦三二型“EB-201”号機の一連の空撮ショットの一枚。1944年6月8日の撮影である。

DATE 12 June 1944

WAR DEPARTMENT
ARMY AIR FORCES
MATERIEL COMMAND
DAYTON, OHIO

RESTRICTED

ARMY AIR FORCES TECHNICAL REPORT

No. 5115

Evaluation Report

on the

Japanese Type "O" Fighter "Hamp"

Title

BY

MIGUEL LLACERA

Approved:

J. M. HAYWARD, Lt. Colonel, Air Corps, Laboratory Chief

For the Commanding General, Army Air Forces Materiel Center

DONALD F. MATSON
Colonel A.C.

H. Z. BOGERT, Colonel, A.C., Actg Chief, Engineering Division

Laboratory No. 48 Eng
E. O. No.
No. of Pages 17
No. of Illus. 16
No. of Drawings

RESTRICTED

RESTRICTED Serial No. 5115

SYNOPTIC ESTIMATE

COUNTRY	JAPAN
MODEL	TYPE O F "HAMP"
TYPE	SINGLE SEAT FIGHTER

GENERAL DESCRIPTION

The "Hamp" is a single-engine low-wing monoplane equipped with retractable landing gear. A 1020-H.P. engine drives a three-bladed constant-speed propeller. The armament consists of two 20-mm. cannons and two 7.7-mm. (equivalent to .30 cal.) machine guns.

PERFORMANCE

Maximum Speed: 328/16600
Rate of Climb: 3410 S/L
Service Ceiling: 35200

COMPARATIVE CHARACTERISTICS

TYPE	MAXIMUM SPEED	TIME OF CLIMB to 15,000 ft.	SERVICE CEILING
Hamp	328/16600	4.8/15000	35200
P-39Q	390/9500	4.5/15000	35000
P-40N	348/15000	8.0/15000	31500
P-38H	418/29000	4.1/15000	44000

RESTRICTED

GENERAL

DETAILED DESCRIPTION

HISTORICAL

The initial confusion created both by the lack of knowledge concerning the Japanese airforce and the involved Japanese method of designating their aircraft has persisted, and it is seldom that one can feel with certainty that the Japanese aircraft being referred to in a document or a conversation is the one under consideration. The following discussion of the designation of this aircraft is presented in the hope that it will help clarify this condition:

When the war with Japan broke out, it was discovered that the Japanese used a fighter whose *partial* designation was "Type O." The press immediately pounced on this catchy term and expressions such as, "we met ten 'Zeros' and shot five down" or "a group of nine 'Zeros' attacked us at 9 o'clock," were soon encountered in numberless press releases. The unfortunate part of all this is that there are at least seven Japanese airplanes designated as "Zeros," including fighters, bombers and seaplanes. The term "Zero" indicates the year the aircraft was commissioned and, as a result, all Japanese aircraft commissioned in 1940 are "Zeros." The solution to this ambiguity might be to use the translated Japanese designation in its entirety, but it is both confusing and cumbersome. Therefore, it was finally decided by the U. S. Army Air Forces, that the only satisfactory solution was to use as much of the translated Japanese designation as practicable and append a suitable code name. Thus the proper designation for the aircraft being discussed here is: Type O F "Hamp." Type O F (1940 fighter type) being the portion of the translated Japanese designation, and "Hamp" being the assigned code name.

The "Hamp" is a development of the "Zeke" (the original "Zero"). The "Hamp" differs from the "Zeke" in that it is equipped with a higher horsepower engine provided with a two-speed blower, it has a shorter wing span with square wing tips, and it is capable of better performance. Except for these differences, the two aircraft are almost identical—landing gear, fuselages, canopies, etc., are interchangeable.

CONSTRUCTION

The "Hamp" is of all-metal construction except for the fabric-covered control surfaces. General workmanship is good and cleanness of aerodynamic design is enhanced by generous fairings, flush riveting and a very smooth paint finish. Construction is light but not flimsy, and contrary to popular belief, is quite strong—Japanese spar and skin strengths comparing favorably with our own. Probably the factor that has contributed most to the misconception of Japanese airplane flimsiness was their extreme vulnerability. Japanese aircraft are not fitted with leak-proof tanks, bullet-proof glass or armor plate and are not capable of taking even a small amount of the punishment that our aircraft can sustain in combat. Therefore, hits in the unprotected fuel tanks will often result in fire and explosion and the resultant disintegration of the aircraft may be misinterpreted as a structural weakness.

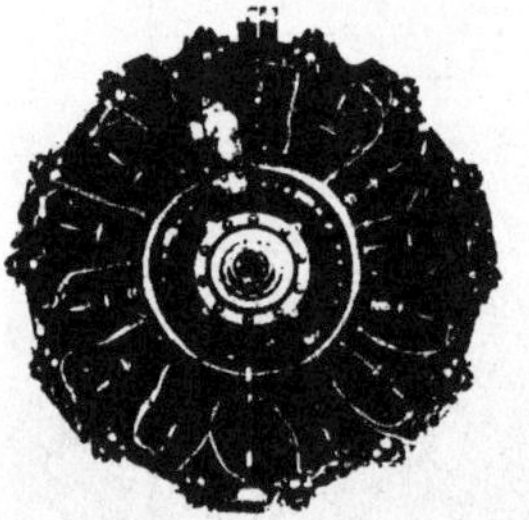

RESTRICTED Serial No. 5115

ENGINE

This aircraft is powered by a Nakajima Sakae 21, a development of the Sakae 12 used in the "Zeke." The principal modifications made to the Sakae 12 to develop the 21 was to substitute a down-draught carburetor for an up-draught type and a two-speed supercharger for one of single-speed design. Following are some of the important characteristics of the Sakae 21:

Cooling medium	Air	
Cylinders	14, Radial	
Bore	5.12″	
Stroke	5.91″	
Displacement	1700 cu. in.	
Compression ratio	7:1 (est.)	
Diameter	45″	
Length	63″	
Weight	1175 (est.)	
Carburetor	Down-draught	
Supercharger	6.30:1 and 8.43:1	
Propeller gear ratio	12:7	
Fuel	92	
Maximum sea level power	950 HP/2600 RPM	*
Maximum power	1020 HP/2600 RPM/6400′	*
Maximum power	885 HP/2600 RPM/15700′	*
Production began	1942	

* Performance figures derived from tests performed on engine 21145 used on captured "Hamp," EB-201.

PROPELLER

The three-blade, all-metal, constant-speed propeller is modelled after a Hamilton Standard design.

FUSELAGE

The aluminum alloy fuselage is divided into two sections. The vertical division occurs at the bulkhead located just forward of the end of the cockpit canopy.

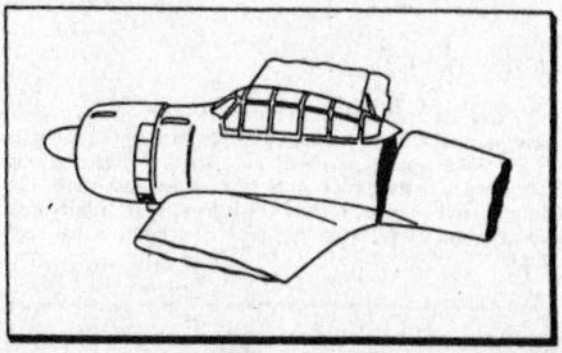

The rear fuselage section is secured to the front section at a butt joint by means of eighty bolts. The forward semimonococque section is not structurally complete until riveted to the wing which forms the floor of the cockpit. The rear fuselage section of full monocoque construction has no hand holes or openings in the skin. Access to the rear fuselage is possible only by swinging the pilot's seat forward.

WING

The full cantilever wing is of two-spar construction. The wing and fuselage are built as an integral unit, the extruded spars being continuous from wing-tip to wing-tip. Although this is a carrier-borne fighter, no portion of the wing folds.

The slotted-type ailerons are fabric-covered and are equipped with metal trim tabs adjustable on the ground only.

The all-metal split-type flaps are hydraulically actuated.

TAIL SURFACES

The fully cantilever tail surfaces are metal-covered except for the fabric-covered control surfaces. A metal trim tab, adjustable on the ground only, is used for rudder trimming. The elevators are the only control surfaces equipped with trim tabs adjustable from the cockpit.

LANDING GEAR

The wide-tread landing gear (11′ 6″) is hydraulically actuated. The main gear retracts into the wings towards the center of the fuselage and is completely inclosed by fairing. The tail wheel is not completely retractable, a small portion being visible after retraction.

FUEL TANKS

Three internal fuel tanks are provided—one in each wing and one in the fuselage just forward of the cockpit. The tanks are of all-metal construction and are not provided with leakproof protection. A permanent fitting, located in the center portion of the front spar, is provided to take the steel supporting pipe of a jettisonable fuel tank.

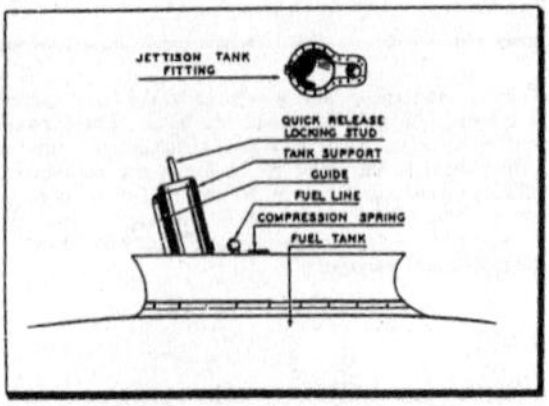

This arrangement is very "clean" aerodynamically since there are no projections to disturb the airflow when the tank is jettisoned. Almost all Japanese jettisonable fuel tanks are of all-metal construction. Wooden tanks have been used in smaller quantities and even compressed paper tanks have been reported.

INSTRUMENTS

Also contrary to popular belief, the "Hamp" is equipped with a full complement of instruments. Japanese instrumentation suffers from a lack of quality rather than a lack of quantity. The Japanese are currently using many obsolescent instruments, as judged by our standards.

SPECIAL EQUIPMENT

Arrestor Gear—Since this aircraft is designed for carrier-borne operation, it is equipped with arresting gear.

Flotation Gear—Two airtight compartments have been formed in each wing by sealing off two boxes whose sides are formed by:

1. The front and rear spar and two ribs.
2. The front spar, the wing leading edge and two ribs.

A large canvas bag situated in, and conforming to the shape of the rear fuselage section, serves as flotation gear for the fuselage. Flotation is effected by shutting the valve in the cockpit (normally open) which serves the function of trapping atmospheric air in the entire flotation system—thus making it airtight.

Wing Tank Ventilation—A small wing tank ventilating door is located on the under side of each wing. Cooling of the wing tanks is necessary to help prevent fuel vapor lock at high altitudes.

PRODUCTION

This airplane is in mass production and is one of Japan's first line fighters. It is estimated that 55 of these aircraft are built each month.

WEIGHTS, DIMENSIONS AND CAPACITIES

Empty weight	3913 lbs.
Normal weight	5750 lbs.
Maximum weight	6331 lbs.
Span	36′ 2″
Length	29′ 9″
Height	9′ 2″
Wing area	238 sq. ft.
Aspect ratio	5.5
Wing loading	24.2 lb./sq. ft.
Propeller diameter	10′
Maximum internal fuel capacity	134 gal.
Capacity of jettisonable tank	94 gal.
Oil capacity	52 qts.

RESTRICTED　　Serial No. 5115

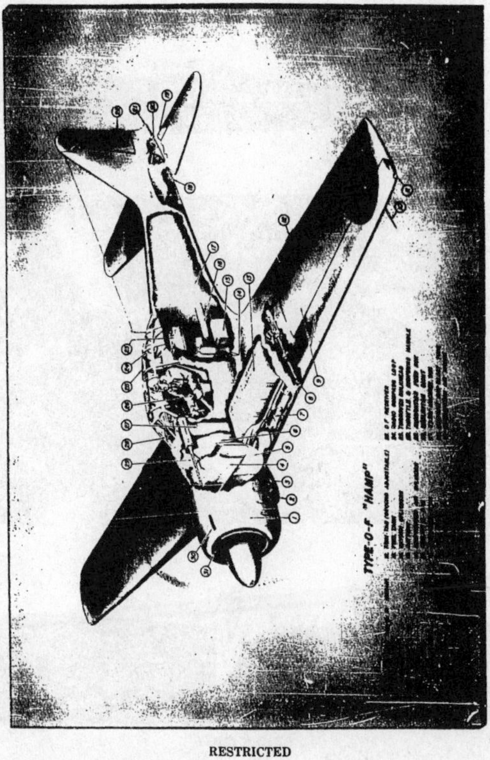

RESTRICTED

RESTRICTED Serial No. 5115

RESTRICTED

IDENTIFICATION OF "HAMP"

It stands to reason that an aircraft cannot be recognized when it is a speck in the sky, but the value of recognition lies in being able to identify it as soon thereafter as possible. That feature of an airplane which makes early recognition possible is the outline, or silhouette, of the aircraft. Any single aircraft possesses three silhouettes—bottom view, left side view and front view (top, right side and rear views are duplicates). Any intermediate attitude would merely present a silhouette composed of a combination of two or three of the above mentioned silhouettes. Therefore, in order to be able to identify an aircraft in any attitude at the greatest possible distance, it is necessary to be familiar with its three silhouettes. The usual reaction to this is that the silhouettes of the different airplanes are much too similar to be distinguishable from one another; but this conclusion is unwarranted, for on careful comparison it will be found that with few exceptions, no two silhouettes are alike. Distinguishing one silhouette from another is accomplished through a series of eliminations as follows:

1. By the theater of operations in which sighted—one does not expect to see a Japanese airplane over Germany or an Italian plane in the South West Pacific Area.

2. By the number of engines—if a single-engine airplane is sighted, all airplanes with a different number of engines are eliminated.

3. By the shape of the engine—an airplane with a radial engine will have a round, blunt engine nacelle; one with an inline engine will have a long, pointed engine nacelle. There is only one important exception—the Ju 88 with a radial cowling enclosing an inline engine.

Only a few aircraft will remain after applying these three steps. It then becomes necessary to examine the characteristics of the silhouette and to eliminate all but one aircraft. Some of the more important features that form the silhouette consist of: wing shape, tail shape, fuselage shape, relative positions of wing, tail, and canopy, and miscellaneous protuberances such as, radiators, armament, fixed landing gear, etc.

On first sight, it would appear that identification by elimination is a long, tedious job wherein one must make a mental note of all the airplanes in the world and eliminate them one by one, until only the correct one remains. In actual practice, this is found to be wholly untrue, for what usually occurs on sighting an airplane is that a decision is immediately reached limiting "that" airplane to one of two or three possibilities. And upon noting that there is a radiator under the fuselage, the airplane identifies itself. The entire process should not take more than a fraction of a second.

This principle of identification will now be applied to the "Hamp". The three silhouettes of the "Hamp" are compared to the three silhouettes of some important combat aircraft equipped with a single radial engine. It should be noted that all the points of recognition affect the outline of the airplane and can be seen from a distance.

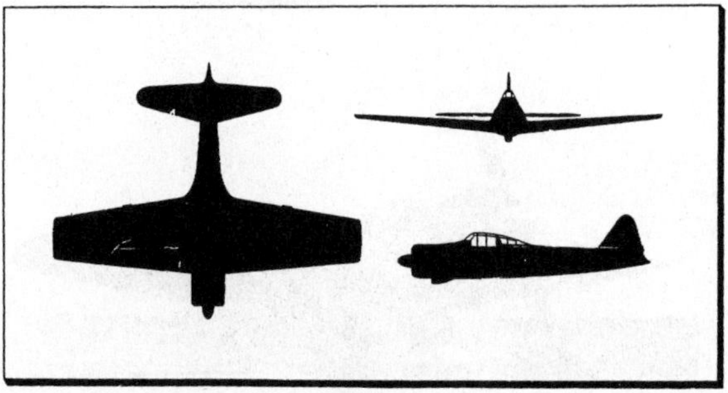

RESTRICTED

Serial No. 5115

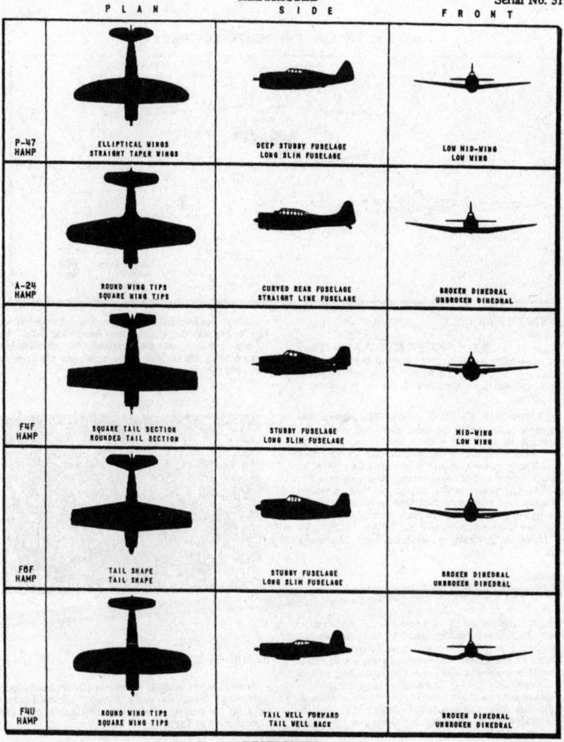

RESTRICTED

13

OFFENSIVE AND DEFENSIVE EQUIPMENT

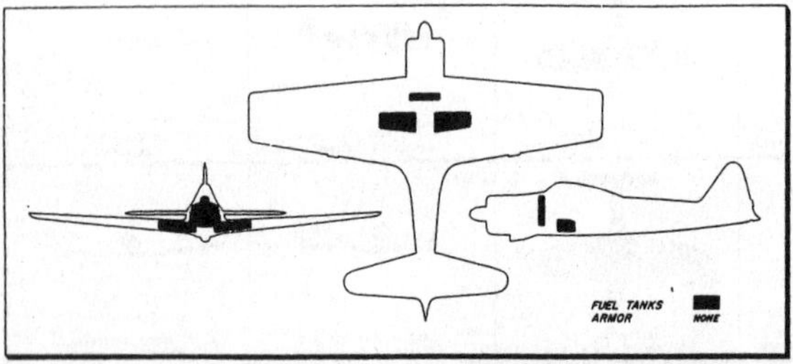

PASSIVE DEFENSE

ARMOR AND BULLET-PROOF GLASS—There is no armor plate or bullet-proof glass of any description on this type aircraft. As a result of this deficiency, the pilot is extremely vulnerable and can be considered a good target.

LEAKPROOF FUEL TANKS—No attempt has been made to leakproof the three aluminum fuel tanks. Therefore, in an attack against the "Hamp," concentrated gunfire should be brought to bear on the wing roots. The large-area unprotected fuel tanks present an excellent target and hits will almost invariably result in complete destruction of the airplane by fire or violent explosion. An exploding fuel tank with its resultant disintegrating effect on the airplane probably gave birth to the misconceived notion that the "Hamp" is flimsy—the "Hamp" is extremely vulnerable and *not* structurally weak.

ARMAMENT

The "Hamp" is armed with two 7.7-mm. (equivalent to our .30 caliber) machine guns synchronized to fire through the propeller arc and two 20-mm. cannons mounted in the wings. The machine guns are identical to the British Vickers Mark V. The Japanese gun will fire British .303 caliber ammunition and most components of both guns are interchangeable. The 20-mm. Oerlikon automatic cannon is not considered as formidable a weapon as the American .50 caliber gun. In actual combat it was found that the cannon was inaccurate and had a shorter range than the American .50's. The 7.7-mm. machine guns are equipped with 600 rounds of ammunition each and the 20-mm. cannons are provided with 100 rounds apiece.

BOMBING EQUIPMENT

Provisions are made to carry one 100-lb. bomb under each wing. Bomb-equipped "Hamps" are used principally for the purpose of air-to-air bombing attacks (see Operations and Tactics).

RESTRICTED Serial No. 5115

OPERATIONS AND TACTICS

OPERATIONS

The "Hamp" is one of Japan's first-line fighters and is being used in large quantities in all major theaters of operation. It is employed both as a carrier-based and a land-based fighter.

Although equipped with bomb gear, the "Hamp" had not been reported to be carrying bombs until recently when they employed air-to-air bombing tactics against allied bomber formations.

TACTICS

VERSUS FIGHTERS—

In combating the "Hamp," or any other enemy fighter, it is extremely important to be well acquainted with both its weak and strong tactical qualities. The "Hamp" is very maneuverable and retains good control characteristics right up to the stall. Climb characteristics are good but not exceptional—its high rate of "zoom" having created the erroneous notion of extraordinary climb often attributed to this airplane. As compared to these desirable tactical qualities, the "Hamp" is impaired by the following undesirable ones: its high speed is considerably below that of most of our first-line fighters; it has a low diving speed; at high speeds, the controls tend to "freeze" and maneuverability is materially reduced; and the engine cuts out when subjected to negative gravity accelerations such as are encountered in the beginning of a dive.

From the above, it should be apparent that the "Hamp" is a dangerous adversary in a dog-fight and a "clay pigeon" when fought intelligently. Actual combat experience has shown this to be true and has proven that fighting the "Hamp" intelligently entails the following:

1. Use hit and run tactics—once having altitude superiority, make a pass, dive away and climb quickly to regain altitude superiority.

2. Always combat the "Hamp" at high speed—the "Hamp's" maneuverability advantage disappears at high speeds that cause control "freezing."

3. Never dog-fight the "Hamp"—because of the "Hamp's" superior maneuverability and stall-control characteristics it is capable of remaining outside the attacker's gunsight in a dog-fight, And furthermore, by capitalizing on these two advantageous characteristics through skillful handling, the "Hamp" can easily get on the tail of any allied fighter.

4. Always break away from a "Hamp" by diving—this puts the "Hamp" at a disadvantage in two ways: firstly, it cannot enter a dive as quickly as Allied fighters since the engine will cut out when subjected to negative gravity acceleration; and secondly, once in the dive, it cannot stay with the Allied fighters due to its lower terminal velocity. The "Hamp," on the other hand, breaks combat by a climbing turn which is usually made to the left.

VERSUS BOMBERS—

Against the "Hamp," as against any enemy fighter, the bomber's best defense is mutual support with its attendant concentrated fire power. The straggler will be pounced upon immediately and weak defense points will be exploited. The air-to-air bombings that have been reported recently are designed, not so much to damage the bombers, but rather to break up the formation and create stragglers that should fall easy prey to the attacking fighters. Thus far these tactics have not proven successful principally because they have failed to break up the formation.

RESTRICTED

PERFORMANCE

The performance figures shown in this report have been derived as a result of flight tests performed with the "Hamp," EB-201. Construction of the EB-201 was made possible by making use of the following "Hamp" parts found on the captured Buna airfield: two "Hamp" fuselages, five "Hamp" propellers, a "Zeke" canopy and a "Hamp" engine. All these parts were found necessary to make a single "Hamp" whose performance would be reliably representative of this Japanese fighter. The performance curves that follow have been determined as a result of flight tests carried out at Brisbane, Australia, by the 5th Air Force and at Wright Field by the Materiel Command. The maximum power curves (2600 rpm and 40" manifold pressure) were determined at Brisbane. The normal power curves (2400 rpm and 36" manifold pressure) were determined at Wright Field.

RESTRICTED　　　Serial No. 5115

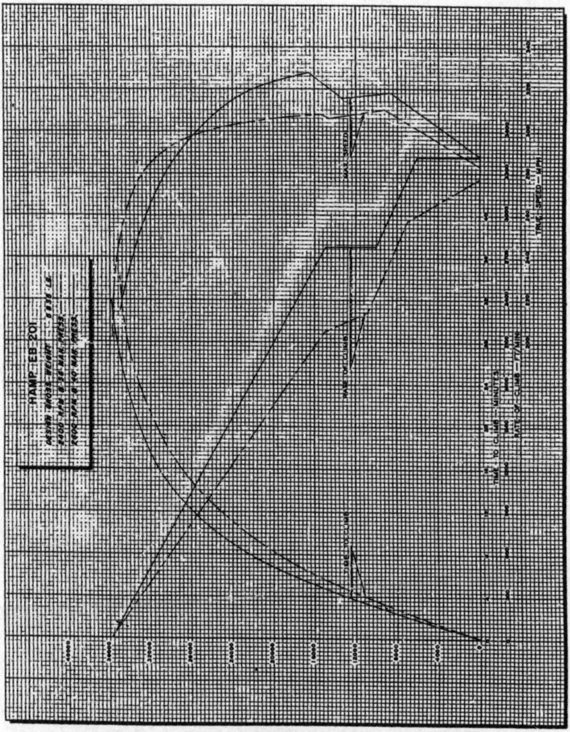

RESTRICTED

主要参考文献

BROKEN WINGS OF THE SAMURAI——by Robert C. Mikesh/Airlife Publishing Ltd., WAR PRIZES——by Phil Butler/Midland Counties Publications, JAPANESE AIRCRAFT INTERIORS——by Robert C. Mikesh/Monogram Aviation Publication, MEATBALLS and DEAD BIRDS——by James P. Gallager JAPANESE ARMY AIR FORCE CAMOUFLAGE AND MARKINGS WORLD WAR II——by Donald W. Thorpe/Aero Publishers Inc., JAPANESE NAVAL AIR FORCE CAMOUFLAGE AND MARKINGS WORLD WAR II——by Donald W. Thorpe/Aero Publishers Inc., AIRCAM AVIATION SERIES No.13, 16, 18, 21, 25, 29, 32, 35——Richard M. Bueshel/Osplay Publishing Ltd., AIR POWER/WING Magazine——Sentry Magazines Inc., AIRFOIL Vol.1 No.2——by R.P. Lutz, James Crow/Airfoil Publications, AVIONS Magazine——Sarl Lela Presse, ZERO Japan's Legendary Fighter——by Robert C. Mikesh/Motorbooks International Publishers, Captured Air Technical Documents (Miclofilm)——National Air and Space Museum, Japanese Aircraft 1910-1941——by Robert C. Mikesh & Shorzoe Abe/Putnam Aeronautical Books Ltd., JAPANESE AIRCRAFT——by John Stroud/The Harborough Publishing Co Ltd., 雑誌『航空ファン』各号、同『世界の傑作機』各号——文林堂、雑誌『丸』各号——潮書房、雑誌『航空情報』各号、太平洋戦争・日本陸軍機、同・日本海軍機——酣燈社、古賀一飛曹の零戦——ジム・リアドン/櫂出版社、雑誌『ミリタリーエアクラフト』各号——デルタ出版、戦史叢書各巻——防衛庁防衛研修所戦史室/朝雲新聞社。

写真、資料出処／提供者

U.S. Air Force, U.S. Army, U.S. Navy, U.S. Marines, National Archives, Smithonian Institution, NASM, Royal Newzealand Air Force, Imperial War Museum, Mr. James F. Lansdale

単行本　平成二十六年十二月「囚われの日本軍機秘録」改題　潮書房光人社刊

NF文庫

米軍に暴かれた日本軍機の最高機密

二〇二三年六月二十四日 第一刷発行

著 者 野原 茂

発行者 皆川豪志
発行所 株式会社 潮書房光人新社
〒100-8077 東京都千代田区大手町一-七-二
電話／〇三-六二八一-九八九一(代)
印刷・製本 中央精版印刷株式会社

ISBN978-4-7698-3313-0 C0195
http://www.kojinsha.co.jp

NF文庫

刊行のことば

第二次世界大戦の戦火が熄《や》んで五〇年――その間、小社は夥しい数の戦争の記録を渉猟し、発掘し、常に公正なる立場を貫いて書誌とし、大方の絶讃を博して今日に及ぶが、その源は、散華された世代への熱き思い入れであり、同時に、その記録を誌して平和の礎とし、後世に伝えんとするにある。

小社の出版物は、戦記、伝記、文学、エッセイ、写真集、その他、すでに一、〇〇〇点を越え、加えて戦後五〇年になんなんとするを契機として、「光人社ＮＦ（ノンフィクション）文庫」を創刊して、読者諸賢の熱烈要望におこたえする次第である。人生のバイブルとして、心弱きときの活性の糧《かて》として、散華の世代からの感動の肉声に、あなたもぜひ、耳を傾けて下さい。